高职高专"十三五"规划教材

计算机信息技术基础

主 编 付海波 马 涛

副主编 邓 浩 汤明星 吴 鑫

主 审 李家瑞

西安电子科技大学出版社

内 容 简 介

本书是为培养应用型专门人才而编写的。书中依据计算机信息技术基础教学大纲安排了相应的教学内容，同时兼顾《全国计算机等级考试考试大纲》（最新一级 MS Office）的考纲要求，在强调基本理论、基本方法的同时，特别注重实用性和应用能力的培养。

本书共 6 章，主要由三部分内容组成。第一部分介绍计算机基础知识，包括计算机系统组成、信息在计算机中的表示、数制、互联网应用等内容；第二部分介绍 Windows 7 操作系统和 Office 2010 的三个主要软件包（Word、Excel、PowerPoint）的基础知识和基本操作；第三部分介绍网络资源共享、互联网安全、收发电子邮件等内容。

本书适合作为高职高专各专业计算机基础课程的教材，也可以作为计算机一级考试的培训教材，还可以作为计算机爱好者以及相关从业人员的自学用书。

图书在版编目（CIP）数据

计算机信息技术基础 / 付海波，马涛主编. —西安：西安电子科技大学出版社，2019.9
ISBN 978-7-5606-5463-8

Ⅰ. ① 计…　Ⅱ. ① 付…　② 马…　Ⅲ. ① 电子计算机—高等职业教育—教材　Ⅳ. ① TP3

中国版本图书馆 CIP 数据核字(2019)第 187484 号

策划编辑　杨丕勇
责任编辑　杨丕勇
出版发行　西安电子科技大学出版社(西安市太白南路 2 号)
电　　话　(029)88242885　88201467　　　邮　　编　710071
网　　址　www.xduph.com　　　　　　电子邮箱　xdupfxb001@163.com
经　　销　新华书店
印刷单位　陕西天意印务有限责任公司
版　　次　2019 年 9 月第 1 版　　2019 年 9 月第 1 次印刷
开　　本　787 毫米×1092 毫米　1/16　印　张　15
字　　数　353 千字
印　　数　1～6000 册
定　　价　39.00 元
ISBN 978-7-5606-5463-8 / TP
XDUP 5765001-1
如有印装问题可调换

前　言

　　"计算机应用基础"作为大学基础类课程，一方面反映了计算机在社会中的广泛应用，另一方面也是当今社会发展的一个重要标志。按照高等学校非计算机专业大学生培养目标，计算机的应用能力包括三个层次：使用操作能力、应用开发能力和研究创新能力。本书以培养学生的计算机使用操作能力为主要目标。

　　本书根据教育部高等学校计算机基础课程教学指导委员会编制的《高等学校计算机基础教学发展战略研究报告暨计算机基础课程教学基本要求》中对"大学计算机基础"课程的教学要求编写而成。全书共分为 6 章，第 1 章介绍了计算机基础知识；第 2 章介绍了 Windows 7 操作系统；第 3～5 章分别介绍了 Office 2010 常用办公软件的使用方法；第 6 章介绍了计算机网络基础与 Internet 应用。

　　本书在编写时特别注意以下两点：

　　(1) 更系统、更深入地介绍计算机科学与技术的概念、原理、技术和方法。

　　(2) 注重从计算机应用的实际出发，通过丰富的实例和练习，介绍了计算机的基本原理和操作，Windows 7 操作系统、Office 2010 常用办公软件的使用方法，以及 Internet 等内容。

　　本书坚持学以致用的原则，强调计算机知识的应用性，突出学习的目的性和主动性；语言简洁，充分利用图表展现更多的信息；在问题叙述过程中，注意突出原理和操作目的。

　　本书的编者均为长期从事大学计算机基础教学的一线教师，不仅教学经验丰富，而且对当代大学生的现状非常熟悉，在编写过程中充分考虑到不同学生的特点和需求，加强了应用计算机网络进行教学。本书凝聚了编者多年来的教学经验和成果。

　　武昌职业学院付海波、马涛担任本书主编并负责统稿工作，武昌职业学院邓浩、汤明星、吴鑫担任副主编，李家瑞担任主审。付海波编写了计算机基础知识及应用部分，马涛编写了计算机操作系统部分，邓浩编写了 Office 2010 常用办公软件部分，汤明星编写了办公信息化部分，吴鑫编写了附录部分。

在本书的编写过程中，得到了很多同行、专家的关心和支持，西安电子科技大学出版社在本书的编写过程中给予了很多帮助，在此一并表示感谢。

由于编者水平有限，书中疏漏和不妥之处在所难免，欢迎读者批评指正。

编　者

2019 年 5 月

目 录

第 1 章　计算机基础

电子计算机简称计算机(Computer)，俗称电脑，是 20 世纪人类最伟大的发明之一，它的出现使人类迅速步入了信息社会。计算机是一门科学，同时也是一种能够按照指令，对各种数据和信息进行自动加工和处理的电子设备。掌握以计算机为核心的信息技术的一般应用，已成为各行业对从业人员基本素质的要求之一。

本章介绍计算机的基础知识，包括计算机的发展、计算机中信息的表示和存储，以及多媒体技术的相关知识，为后面的学习奠定基础。

◇ **本章知识点**

了解计算机的起源与发展。

了解计算机的硬件构成及软件系统。

了解计算机选购的基本原则和方法。

熟练掌握计算机的数制与编码。

了解计算机在生活中的各种应用。

1.1　计算机的产生

第二次世界大战中，美国作为同盟国参加了战争。美国陆军要求宾夕法尼亚大学莫尔学院电工系和阿伯丁弹道研究实验室每天共同提供六张火力表。每张表都要计算出几百条弹道，这项工作既繁重又紧迫。用计算器计算一条飞行时间为 60 秒的弹道，最快也得 20 个小时；若用大型微积分分析仪计算也要 15 分钟。阿伯丁实验室当时聘用了 200 多名计算能手，即使这样，一张火力表往往也要计算两三个月时间，根本无法满足作战要求。

为了摆脱这种被动局面，迅速研究出一种能提高计算能力、速度的方法和工具已成当务之急。当时领导这项研制工作的总工程师是年仅 23 岁的埃克特，他与多位科学家合作，经过两年多时间的努力，终于在 1946 年 2 月，成功制造了世界第一台电子计算机，命名为"电子数字积分计算机"，简称 ENIAC。

这台神奇的电子计算机犹如一个庞然大物，里面装有 18 000 个电子管，占地面积 170 平方米，重 30 吨，每秒钟可做 5000 次加法或 400 次乘法运算，它比过去用台式计算器计算弹道要快 2000 多倍。从此，人类在计算领域进入了一个完全崭新的时代。

1.2　计算机的发展与现状

根据所采用的物理器件不同，计算机的发展可分为四个阶段。

第一代计算机：电子管计算机，开始于 1946 年，结构上以 CPU 为中心，使用机器语言，速度慢，存储量小，主要用于数值计算。

第二代计算机：晶体管计算机，开始于 1958 年，结构上以存储器为中心，使用高级语言，应用范围扩大到数据处理和工业控制。

第三代计算机：中小规模集成电路计算机，开始于 1964 年，结构上仍以存储器为中心，增加了多种外部设备，软件得到了一定发展，计算机处理图像、文字和资料的功能得到了加强。

第四代计算机：大规模、超大规模集成电路计算机，开始于 1971 年，应用更加广泛，出现了微型计算机。

当前计算机正朝着多极化、智能化、网络化、多媒体等方向发展，计算机本身的性能越来越优越，应用范围也越来越广泛，从而使计算机成为工作、学习和生活中必不可少的工具。

1) 多极化

如今，个人计算机已席卷全球，但由于计算机应用的不断深入，对巨型机、大型机的需求也稳步增长，巨型、大型、小型、微型机各有自己的应用领域，形成了一种多极化的形势。例如，巨型计算机主要应用于天文、气象、地质、核反应、航天飞机和卫星轨道计算等尖端科学技术领域和国防事业领域，它标志着一个国家计算机技术的发展水平。目前运算速度为每秒几百亿次到上万亿次的巨型计算机已经投入运行，并正在研制更高速的巨型机。

2) 智能化

智能化使计算机具有模拟人的感觉和思维过程的能力，使计算机成为智能计算机。这也是目前正在研制的新一代计算机要实现的目标。智能化的研究包括模式识别、图像识别、自然语言的生成和理解、机器博弈、定理自动证明、自动程序设计、专家系统、学习系统和智能机器人等。目前，已研制出多种具有人的部分智能的机器人。

3) 网络化

网络化是计算机发展的又一个重要趋势。从单机走向联网是计算机应用发展的必然结果。所谓计算机网络化，是指用现代通信技术和计算机技术把分布在不同地点的计算机互联起来，组成一个规模大、功能强、可以互相通信的网络结构。网络化的目的是使网络中的软件、硬件和数据等资源能被网络上的用户共享。目前，大到世界范围的通信网，小到实验室内部的局域网已经很普及，因特网(Internet)已经连接包括我国在内的绝大多数国家和地区。由于计算机网络实现了多种资源的共享和处理，提高了资源的使用效率，因而深受广大用户的欢迎，得到了越来越广泛的应用。

4) 多媒体

多媒体是当前计算机领域中最引人注目的高新技术之一。多媒体计算机是利用计算机技术、通信技术和大众传播技术来综合处理多种媒体信息的计算机。这些信息包括文本、视频、图像、图形、声音、文字等。多媒体技术使多种信息建立了有机联系，并集成为一个具有人机交互性的系统。多媒体计算机将真正改善人机界面，使计算机朝着人类接收和处理信息的最自然的方式发展。

1.3 计算机系统构成

1.3.1 硬件系统

计算机硬件是计算机系统中各种设备的总称。计算机硬件包括 5 个基本部分,即运算器、控制器、存储器、输入设备和输出设备。上述各基本部件的功能各异。运算器能进行加、减、乘、除等基本运算。存储器不仅能存放数据,而且能存放指令,计算机能区分是数据还是指令。控制器能自动执行指令。操作人员可以通过输入、输出设备与主机进行通信。计算机内部采用二进制来表示指令和数据。操作人员将编好的程序和原始数据送入主存储器中,然后启动计算机工作,计算机在不需人工干预的情况下完成逐条取出指令和执行指令的任务。

计算机是自动化的信息处理装置,它采用了"存储程序"工作原理。这一原理是 1946 年由美籍匈牙利数学家冯·诺伊曼提出的,其主要思想如下:

(1) 计算机硬件由五个基本部分组成:运算器、控制器、存储器、输入设备和输出设备。

(2) 计算机采用二进制形式表示数据和指令。

(3) 程序和数据一样,事先存放在存储器中,计算机在工作时按照一定顺序从存储器中取出指令加以执行。

计算机硬件这一基本原理确定了计算机的基本组成和工作方式。计算机的硬件系统如图 1-1 所示。

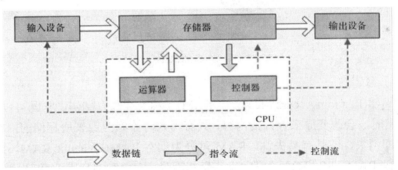

图 1-1 计算机的基本硬件结构

采用冯·诺依曼体系结构的计算机硬件系统组成如下所述。

1. 中央处理器(CPU)

中央处理器(Central Processing Unit,CPU)(见图 1-2)又称中央处理单元,由运算器、控制器和一部分寄存器组成,通常集成在一块芯片上,是计算机系统的核心设备。计算机以 CPU 为中心,输入和输出设备与存储器之间的数据传输和处理都通过 CPU 来控制执行。微型计算机的中央处理器又称为微处理器。

图 1-2 中央处理器(CPU)

CPU 的主要性能指标如下:

(1) 字与字长。计算机内部作为一个整体参与运算、处理和传送的一串二进制数称为一个"字"(Word)。字是计算机内 CPU 进行数据处理的基本单位。一般将计算机数据总线所包含的二进制位数称为字长。字长的大小直接反映计算机的数据处理能力,字长越长,一次可处理的二进制位越多,运算能力越强,计算精度越高。

(2) 主频。主频即 CPU 时钟频率,主频是表征运算速度的主要参数,主频越高,一个时钟周期里完成的指令数就越多,CPU 的运算速度就越快。

(3) 时钟频率。时钟频率是指 CPU 的外部时钟频率(即外频),直接影响 CPU 与内存之间的数据交换速度。

(4) 地址总线宽度。地址总线宽度决定了 CPU 可以访问的物理地址空间。

(5) 数据总线宽度。数据总线负责整个系统数据流量的大小,数据总线宽度决定了 CPU 与二级高速缓存、内存以及输入和输出设备之间一次数据传输的信息量。

2. 主存储器

主存储器(见图 1-3)是计算机存储各种数据的部件。按其功能和性能,主存储器可分为随机存储器(RAM)和只读存储器(ROM)。

图 1-3　主存储器(内存)

1) 随机存储器

随机存储器(Random Access Memory,RAM)又称为读写存储器,它既可以读出,也可以写入。读出时不会改变原来存储的内容,只有写入时才修改原来所存储的内容。断电后,存储内容立即消失,即具有易失性。RAM 可分为动态 RAM(Dynamic RAM,DRAM)和静态 RAM(Static RAM,SRAM)两大类。动态随机存储器(DRAM)是用 MOS 电路和电容来作存储元件的。由于电容会放电,所以需要定时充电以维持存储内容的正确,例如每隔 2 ms 刷新一次,因此称为动态随机存储器。静态随机存储器(SRAM)是用双极型电路或 MOS 电路的触发器来作存储元件的,它没有电容放电造成的刷新问题。只要有电源正常供电,触发器就能稳定地存储数据。

DRAM 的特点是集成密度高,主要用于大容量存储器。SRAM 的特点是存取速度快,主要用于高速缓冲存储器。

2) 只读存储器

只读存储器(Read Only Memory,ROM)只能读出原有的内容,不能由用户再写入新内容。原来存储的内容是由厂家一次性写入的,并永久保存下来。关机后原保存的信息不丢失。ROM 可分为 PROM(可编程只读存储器)、EPROM(可擦除可编程只读存储器)和

EEPROM(电擦除可编程只读存储器)。

PROM 是可编程只读存储器(Programmable ROM)。它的性能与 ROM 一样，存储的内容在使用过程中不会丢失，也不会被替换。不同的是，PROM 中的内容不是由厂家写入的，而是用户根据自己的特殊需要把那些不需变更的程序或数据烧制在芯片中，这就是可编程的含义，但只能写入一次。

EPROM 是可擦除可编程只读存储器(Erasable Programmable ROM)。它具有 PROM 的特点，但存储的内容可以通过紫外线擦除器擦除，再重新写入新的内容。EPROM 的内容可以反复更改，并且在运行时不易丢失，这种灵活性使得它更接近用户。

EEPROM 是电擦除可编程只读存储器(Electrically EPROM)。它的功能与 EPROM 相同，但在擦除与编程方面更加方便。

为了解决主存与 CPU 工作速度上的矛盾，在 CPU 和主存之间增设了容量不大但速度很快的高速缓冲器 Cache。当 CPU 访问程序或数据时，首先从 Cache 中查找，如果所需程序和数据不在 Cache 中，则到主存中读取数据，同时将数据回写入 Cache 中，因此，采用 Cache 可以提高系统的运行速度。

3) 外存储器

外存储器又称辅助存储器，主要用于长期保存数据、信息。外存储器主要包括硬盘存储器、光盘存储器、闪存和 U 盘等。

(1) 硬盘存储器。硬盘存储器(见图 1-4)由多个平行的圆形磁盘片组成，每片磁盘都装有读写磁头，在控制器的统一控制下沿着磁盘表面径向同步移动，因此可以将几层盘片上具有相同半径的磁道看成一个柱面(Cylinder)。

硬盘存储器的容量为

硬盘存储器容量 = 磁头数 × 柱面数 × 每磁道上扇区数 × 每扇区字节数(512 字节)

(2) 光盘存储器(见图 1-5)。目前，用于计算机系统的光盘存储器主要有三类：只读型光盘、一次写入型光盘和可重写刻录型光盘。

图 1-4　硬盘存储器

图 1-5　光盘存储器

只读型光盘(Compact Disc，CD-ROM)：它的特点是只能写一次，且是在制造时由厂家把信息写入的，写好后信息将永久保存在光盘上。

一次写入型光盘(CD-Recordable，CD-R)：只能写入一次，写入后不能擦除修改，因此又叫一次写入、多次读光盘。

可重写刻录型光盘(CD-ReWriteable，CD-RW)：CD-RW 技术先进，可以重复刻录，但价格较高。

(3) 闪存和 U 盘。闪存(Flash Memory)兼具 RAM 存储器高存储速度和 ROM 存储器不易丢失的特点，它是一种可改写的半导体存储器，即 EEPROM。

U 盘(见图 1-6)具有体积小、容量大、便于携带的特点。

图 1-6　U 盘

4) 输入、输出设备

输入设备(Input Device)是向计算机输入数据和信息的设备，是计算机与用户或其他设备通信的桥梁。输入设备是用户和计算机系统之间进行信息交换的主要装置之一。键盘、鼠标、摄像头、扫描仪、光笔、手写输入板、游戏杆、语音输入装置等都属于输入设备。

输出设备(Output Device)是人与计算机交互的一种部件，用于数据的输出。它把各种计算结果、数据或信息以数字、字符、图像、声音等形式表示出来。常见的输出设备有显示器、打印机、绘图仪、影像输出系统、语音输出系统、磁记录设备等。

5) 总线

总线是一组为系统部件之间传送数据的公用信号线，具有汇集与分配数据信号、选择发送信号的部件与接收信号的部件、建立与转移总线控制权等功能。典型的微型计算机系统通常采用单总线结构，按信号类型不同可将总线分为地址总线、数据总线和控制总线三种。

(1) 地址总线(Address Bus，AB)：用于 CPU 访问主存储器或外部设备时，传送相关的地址。地址总线的宽度决定 CPU 的寻址能力。

(2) 数据总线(Data Bus，DB)：用于 CPU 与主存储器、CPU 与 I/O 接口之间传送数据。数据总线的宽度(根数)等于计算机的字长。

(3) 控制总线(Control Bus，CB)：用于传送 CPU 对主存储器和外部设备发出的控制信号。

总线的性能指标有如下三种。

总线的带宽：单位时间内总线上可传送的数据量，即每秒传送的字节数。它与总线的位宽和总线的工作频率有关。

总线的位宽：总线能同时传送的数据位数，即数据总线的位数。

总线的工作频率：也称为总线的时钟频率，以兆赫兹(MHz)为单位，总线的带宽越宽，则总线的工作频率越高。

1.3.2　软件系统

计算机软件系统是计算机系统中不可缺少的组成部分，没有安装任何软件的计算机称为裸机。裸机是无法正常工作的。软件是提高计算机使用效率、扩大计算机功能的各类程序(program)、数据(data)和有关文档(document)的总称。程序是为了解决某一问题而设计的一系列指令或语句的有序集合；数据是程序处理的对象和处理结果；文档是描述程序操作及使用的有关资料。计算机的性能能否充分发挥，在很大程度上取决于软件的配置是否完善、齐全。

计算机常用的软件分为两类：系统软件和应用软件，如图 1-7 所示。

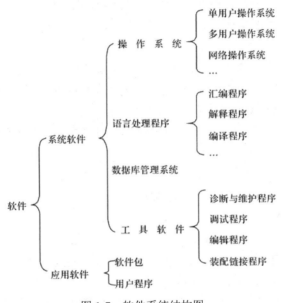

图 1-7　软件系统结构图

1. 系统软件

系统软件是指用于计算机系统内部管理、维护、控制和运行以及计算机程序的编辑、翻译、装入、控制和运行的软件。系统软件为应用软件提供运行平台，为开发应用系统提供工具。系统软件包括操作系统、语言处理程序、数据库管理系统和工具软件。

1) 操作系统

操作系统管理计算机系统资源，指挥计算机系统自动协调地运行、高效率地工作，是用户与计算机之间的接口。操作系统是所有软件中最基础和最核心的部分。

2) 语言处理程序

语言处理程序是人机交流信息的一种特定语言，包括机器语言、汇编语言和高级语言三类。

(1) 机器语言。机器语言是计算机能直接识别和执行的机器指令的集合。一条机器指令就是一条机器语句。机器指令是由 0 和 1 组成的二进制代码，它包括操作码和地址码两部分。

优点：机器语言可以被计算机硬件直接识别，因此执行速度快，可以充分发挥计算机的速度性能。

缺点：① 编写和阅读机器语言非常困难；② 机器语言程序的移植性较差，在一种类型计算机上编写的机器语言程序不能在另一种类型计算机上运行。

机器语言是第一代计算机程序设计语言。

(2) 汇编语言。为了解决机器语言使用困难的问题，人们创造了一种有助于记忆的符号，称为助记符，用以标记指令的功能和主要特征。用助记符来代替机器指令代码，用地址符号来代替地址码，这种语言称为汇编语言。

【例】 计算 A = 5 + 2 的汇编语言程序。

```
MOV A, 5        //把数 5 送到累加器 A 中
ADD A, 2        //使 2 与 A 中的值相加，得到的结果送到 A 中
```

优点：由于汇编语言与机器语言一般是一一对应的，所以程序的执行效率仍然比较高。

缺点：① 汇编语言的移植性仍然较差；② 汇编语言在机器上无法直接执行，必须用计算机配置好的汇编程序把它翻译成机器语言表达的目标程序后，机器才能执行。

汇编语言是第二代计算机程序设计语言。

(3) 高级语言。高级语言是用英语和人们熟悉的数学公式来表达的语言，比较接近人类的自然语言，具有更强的表达能力。

【例】 计算 a = 5 + 2 的 C 语言程序。

```
int a;                //定义一个整形变量 a
a=5+2;                //将 5 与 2 相加的结果送入变量 a 所在存储单元中
printf ("% d", a);    //输出 a 中的值
```

在高级语言中有面向过程的语言，如 FORTAN、BASIC、Pascal、C 等，也有面向对象的语言，如 C++、Java、Visual Basic 等。

任何计算机高级语言编写的程序都必须翻译成机器语言程序才能使用。高级语言的翻译程序有两种：解释程序和编译程序。

解释程序：通过相应语言解释程序对源程序按语句逐条翻译成机器指令，每译完一句就立即执行，即解释一句，执行一句。采用这种方法，程序执行速度慢，由于它不生成目标程序，每次执行程序都必须重新翻译，因此执行效率低。

编译程序：使用相应的编译程序将源程序翻译成目标程序，再用连接程序将目标程序与函数库连接，最终生成可执行程序，才可在机器上执行。可执行程序生成后，可多次使用，因此程序执行时间短，速度快，执行效率高。

高级语言是第三代计算机程序设计语言。

高级语言与机器语言和汇编语言相比较的优缺点如下：

优点：与机器语言和汇编语言相比，用高级语言编写的程序更易编制、阅读和检查；高级语言编写的程序可移植性好，在一种机型上编写的程序，可以不修改或少修改就能在其他类型的机器上运行。

缺点：所有高级语言编写的程序都要通过编译程序翻译成机器语言表达的目标程序后才能由计算机执行；程序的执行效率比机器语言和汇编语言编写的程序低。

3) 数据库管理系统

利用数据库管理系统可以有效地保存和管理数据，并利用这些数据得到各种有用的信息及其管理软件。

4) 工具软件

工具软件主要包括机器的调试、故障监测和诊断软件，以及各种开发调试工具类软件。

2. 应用软件

应用软件是指为了某一专门的应用目的而开发的计算机软件，如科学计算、工程设计、数据处理、过程控制、日常办公处理、计算机辅助工作等诸多方面的程序。应用软件可简单分类如下：

(1) 用于科学计算方面的数学计算软件包、统计软件包等。

(2) 文字处理软件包，如 WPS、Office 等。

(3) 图像处理软件包(如 Photoshop)和动画处理软件(如 3DS MAX 等)。

(4) 各种财务管理软件、税务管理软件、工业控制软件、辅助教育专用软件等。

1.4 计算机的数制与编码

1.4.1 数制

在计算机中，数字和符号都是用电子元件的不同状态(即电信号)来表示的。电信号只有两种，表示为"0"和"1"。所以计算机内部的信息都是以电路的通断两种状态(如电压的高低、脉冲的有无)的组合来存储的，也就是二进制数。现实生活中，人们熟知的是十进制数，因此计算机的输入输出数据也需要使用十进制。此外，为了编程方便，还经常用到八进制和十六进制。

1. 进位计数制

进位计数制的概念：把数划分为不同的位数，逐位累加，加到一定数量之后，再从零开始，同时向高位进位。

进位计数制有三个要素：数符、进位规律和进位基数。

什么是进位基数呢？进位基数是指计数制中每个数位所使用的数码符号的总数，又称进位模数。

我们经常把数用每位权值与该位的数码相乘展开。当某位的数码为"1"时所表征的数值即为该位的权值。

【例】 把十六进制数 N = (1FA3.B3)$_H$ 按权值展开。
$$N = 1 \times 16^3 + 15 \times 16^2 + 10 \times 16^1 + 3 \times 16^0 + 11 \times 16^{-1} + 3 \times 16^{-2}$$

2. 常用的进位计数制

我们用进位计数制的三要素来描述二进制、八进制、十进制和十六进制，如表 1-1 所示。

表 1-1　进位计数制的描述

常用进制	英文表示符号	数 码 符 号	进位规律	进位基数
二进制	B(Binary)	0、1	逢二进一	2
八进制	O(Octonary)	0、1、2、3、4、5、6、7	逢八进一	8
十进制	D(Decimal)	0、1、2、3、4、5、6、7、8、9	逢十进一	10
十六进制	H(Hexadecimal)	0、1、2、3、4、5、6、7、8、9、A、B、C、D、E、F	逢十六进一	16

1.4.2　数制转换

1. 非十进制数转换成十进制数

根据各种进制的定义表示方式，按权展开相加，即可将非十进制数转换为十进制数。

【例】　将$(100101)_B$，$(72)_O$，$(49)_H$转换为十进制数。

$$(100101)_B = 1 \times 2^5 + 0 \times 2^4 + 0 \times 2^3 + 1 \times 2^2 + 0 \times 2^1 + 1 \times 2^0 = 37$$

$$(72)_O = 7 \times 8^1 + 2 \times 8^0 = 58$$

$$(49)_H = 4 \times 16^1 + 9 \times 16^0 = 73$$

2. 十进制数转换为 R 进制数

十进制数转换成 R 进制数时，应将整数部分和小数部分分别转换，然后相加起来，即可得出结果。整数部分采用"除 R 求余"的方法，即将十进制数除以 R，得到一个商和一个余数，再将商除以 R，又得到一个商和一个余数，如此继续下去，直至得到的商为 0 为止，最后将每次得到的余数按照得到顺序逆序排列，即为 R 进制的整数部分。

小数部分采用"乘 R 取整"的方法，即将小数部分连续地乘以 R，保留每次相乘结果的整数部分，直到小数部分为 0 或达到精度要求的位数为止，最后将得到的整数部分按顺序排列，即为 R 进制的小数部分。

【例】　将十进制数$(2004)_D$转换成等值的二进制数。

因此$(2004)_D = (11111010100)_2$。

【例】　将 215.62510 转换成八进制数。

方法一：采用整数部分"除 8 求余"、小数部分"乘 8 取整"的方法。

方法二：先将$(215.625)_D$变成二进制数，再将二进制数转换成八进制数。

首先将$(215.625)_D$转换成二进制数$(11010111.101)_B$，然后通过每三位一组进行转换的方法$((011，010，111.101)_B)$转换成八进制数$(327.5)_O$。

3. 二、八、十六进制数之间的转换

1) 二进制数转换成八进制数

由于$2^3=8$，因此 3 位二进制数可以对应 1 位八进制数，利用这种对应关系，可以实现二进制数和八进制数的相互转换，如表 1-2 所示。

表 1-2　二进制数与八进制数相互转换

二进制数	八进制数	二进制数	八进制数
000	0	100	4
001	1	101	5
010	2	110	6
011	3	111	7

转换方法：以小数点为界，整数部分从右向左每 3 位分为一组，若不够 3 位，在左面补 0，补足 3 位；小数部分从左向右每 3 位分为一组，不足位在右面补 0；然后将每 3 位二进制数用 1 位八进制数表示，即完成转换。

【例】　将二进制数$(11010111.0100111)_B$ 转换成八进制数。

因此$(11010111.0100111)_B = (327.234)_O$。

2) 八进制数转换成二进制数

转换方法：将每位八进制数用 3 位二进制数替换，按照原有的顺序排列，完成转换。

【例】　把八进制数$(547.36)_O$转换成二进制数。

$$(547.36)_O = (101100111.011110)_B$$

3) 二进制数转换成十六进制数

由于$2^4 = 16$，因此 4 位二进制数可以对应 1 位十六进制数，利用这种对应关系，可以方便地实现二进制数和十六进制数的相互转换，如表 1-3 所示。

表 1-3　二进制数与十六进制数相互转换

二进制数	十六进制数	二进制数	十六进制数
0000	0	1000	8
0001	1	1001	9
0010	2	1010	A
0011	3	1011	B

二进制数	十六进制数	二进制数	十六进制数
0100	4	1100	C
0101	5	1101	D
0110	6	1110	E
0111	7	1111	F

转换方法：以小数点为界，整数部分从右向左每 4 位分为一组，若不够 4 位，在左面补 0，补足 4 位；小数部分从左向右每 4 位分为一组，不足位在右面补 0；然后将每 4 位二进制数用 1 位十六进制数表示，即完成转换。

【例】　　　　　　　　　　$(111011.10101)_B = (3B.A8)_H$。

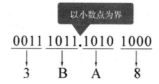

4) 十六进制数转换成二进制数

转换方法：将每位十六进制数用 4 位二进制数替换，按照原有的顺序排列，即可完成转换。

【例】　　　　　　　　　　$(AF497)_H = (1010\ 1111\ 0100\ 1001\ 0111)_B$。

1.4.3　编码

所谓编码，就是采用少量的基本符号，选用一定的组合原则，以表示大量复杂多样的信息。

1. 数的编码

这里所说的编码，就是在计算机内表示二进制数的方法，这个数称作机器数，也就是所谓的计算机"字"。它作为一个整体参与运算，此二进制数的位数称为字长。将数值型数据全面、完整地表示成一个机器数，应该考虑三个因素：机器数的范围、机器数的符号和机器数中小数点的位置。

1) 机器数的范围

机器数的范围由硬件(CPU 中的寄存器)决定。当使用 8 位寄存器时，字长为 8 位，所以一个无符号整数的最大值是 $(11111111)_2 = (255)_{10}$，机器数的范围为 0~255；当使用 16 位寄存器时，字长为 16 位，所以一个无符号整数的最大值是 $(FFFF)_{16} = (65\ 535)_{10}$，机器数的范围为 0~65 535。

2) 机器数的符号

前面提到的二进制数，没有涉及数的正负问题。不考虑正负的机器数称为无符号数。算术运算中的数自然会有正负，这类机器数称为有符号数。通常规定最高位为符号位，并用 0 表示正，用 1 表示负，其数据格式如下：

D7	D6	D5	D4	D3	D2	D1	D0
0							

正数

D7	D6	D5	D4	D3	D2	D1	D0
1							

负数

最高位 D7 为符号位，D6～D0 为数值位。这种把符号数字化并和数值位一起编码的方法，很好地解决了带符号数的表示方法及计算问题。常用的编码方法有原码、反码和补码三种。

(1) 原码。

编码规则：符号位用 0 表示正，用 1 表示负，数值部分不变。

【例】　写出 $N_1 = +1010110$、$N_2 = -1010110$ 的原码。

$$[N_1]_原 = 01010110, \qquad [N_2]_原 = 11010110$$

(2) 反码。

编码规则：正数的反码与原码相同；负数的反码是将符号位用 1 表示，数值部分按位取反。

【例】　写出 $N_1 = +1010110$、$N_2 = -1010110$ 的反码。

$$[N_1]_反 = 01010110, \qquad [N_2]_反 = 10101001$$

(3) 补码。

编码规则：正数的补码与原码相同；负数的补码是将符号位用 1 表示，数值部分先按位取反，然后末位加 1。

【例】　写出 $N_1 = +1010110$、$N_2 = -1010110$ 的补码。

$$[N_1]_补 = 01010110, \qquad [N_2]_补 = 10101010$$

3) 定点数和浮点数

(1) 定点数。定点数包括定点小数和定点整数两种。

定点小数是指小数点准确固定在数据某一个位置上的小数，一般把小数点固定在最高数据位的左边，小数点前面再设一位符号位。按此规定，任何小数都可以写成 $N = N_S N_{-1} N_{-2} \cdots N_{-M}$ 的形式。其中，N_S 为符号位，在计算机中用 $M+1$ 个二进制位表示一个小数，最高(最左)的二进制位表示符号(如用 0 表示正号，用 1 表示负号)，后面的 M 个二进制数位表示该小数的数值。小数点不用明确表示出来，因为它总是固定在符号位与最高数值位之间。对于用 $M+1$ 位二进制数表示的小数来说，其值的范围为 $|N| \leqslant 1 - 2^{-M}$。定点小数表示法主要用在早期计算机中。

定点整数表示法是整数所表示的数据的最小单位是 1，可以认为它是小数点定位在数值最低位右面的一种表示法。整数分为带符号和不带符号两类。

对于用 $M+1$ 位二进制数表示的带符号整数，其值的范围为 $|N| \leqslant 2^M - 1$。

对于不带符号的整数，所有的 $M+1$ 个二进制位均看成数值，此时数值表示范围为 $0 \leqslant N \leqslant 2^{M+1} - 1$。

(2) 浮点数。浮点数对应于科学(指数)计数法。在计算机中，一个浮点数由两部分构成：阶码和尾码。阶码是指数，尾码是纯小数。其存储格式如下：

阶符	阶码	数符	尾数

阶码只能是一个带符号的整数，它用来指示尾数中的小数点应当向左或向右移动的位数，阶码本身的小数点约定在阶码最右面。尾数表示数值的有效数字，其本身的小数点约定在数符和尾数之间。在浮点数表示中，数符和阶符都各占一位，阶码的位数随数值表示的范围而定，尾数的位数则依数的精度要求而定。

注：浮点数的正、负由尾数的数符确定，而阶码的正、负只决定小数点的位置，即决定浮点数的绝对值大小。

2．字符编码

字符编码(Character code)就是规定用怎样的二进制码来表示字母、数字以及专门符号。由于这是一个涉及世界范围内有关信息表示、交换、处理、存储的基本问题，因此都以国家标准或国际标准的形式颁布施行。ASCII 码(American Standard Code For Information Interchange)是美国标准信息交换码，被国际标准化组织指定为国际标准，这种编码由 7 位二进制数组合而成，它包括 32 个通用控制字符、10 个十进制数码、52 个英文大小写字母和 34 个专用符号，共 128 个字符。如表 1-4 所示。

表 1-4　标准 ASCII 码对照表

低位＼高位	0000	0001	0010	0011	0100	0101	0110	0111
0000	NULL	DLE	SP	0	@	P	`	p
0001	SOH	DC1	!	1	A	Q	a	q
0010	STX	DC2	"	2	B	R	b	r
0011	ETX	DC3	#	3	C	S	c	s
0100	EOT	DC4	$	4	D	T	d	t
0101	ENQ	NAK	%	5	E	U	e	u
0110	ACK	SYN	&	6	F	V	f	v
0111	BEL	ETB	、	7	G	W	g	w
1000	BS	CAN	(	8	H	X	h	x
1001	HT	EM	)	9	I	Y	i	y
1010	LF	SUB	*	:	J	Z	j	z
1011	VT	ESC	+	;	K	[	k	{
1100	FF	FS	<	L	\	l	|
1101	CR	GS	-	=	M	]	m	}
1110	SO	RS	.	>	N	↑	n	~
1111	SI	US	/	?	O	←	o	DEL

在 128 个编码中应该熟练掌握的内容如下：

数字 0 的编码是 0110000B = 48D = 30H；

字母 A 的编码是 1000001B = 65D = 41H；

字母 a 的编码是 1100001B = 97D = 61H。

在 ASCII 码值中大小排列顺序为数字 < 大写字母 < 小写字母。

【例】　分别用二进制数和十六进制数写出 "HAPPY" 的 ASCII 编码。

解　用二进制数表示：01001000B 01000001B 01010000B 01010000B 01011001B。

用十六进制数表示：48H 41H 50H 50H 59H。

3. 汉字编码

1) 国标码和汉字内码

1981 年我国公布的《信息交换用汉字编码字符集》GB2312—80，共收集了 7445 个图形字符，其中汉字字符 6763 个，分为两级，即常用的一级汉字 3755 个(按汉语拼音排序)和次常用汉字 3008 个(按偏旁部首排序)，其他图形符号 682 个。它规定每个图形字符由两个 7 位二进制编码表示。

汉字内码是汉字在计算机内部存储、处理和传输用的信息代码，设计初衷是要求它与 ASCII 码兼容但又不能相同，以便实现汉字和西文的并存兼容。通常将国标码两个字节的最高位置 "1" 作为汉字的内码。以汉字"啊"为例，其内码为 B0A1H，即 1011000010100001。

2) 汉字输入码

汉字输入码又称为外码，是指从键盘输入汉字时采用的编码，主要有以下 4 类：

(1) 数字编码：区位码。数字编码是用一串数字代表一个汉字，最常用的是国际区位码，它实际上是国标码的一种简单变形。它把 GB2312—80 全部字符集分为 94 区，其中，1~15 区是字母、数字和图形符号区，16~55 区是一级汉字区，56~87 区是二级汉字和偏旁部首区，每个区又分为 94 位，编号也是从 01 到 94。这样，每一个字符便具有一个区码和一个位码，将区码置前、位码置后，组合在一起就成为区位码。

国标码与区位码是一一对应的，可以这样认为：区位码是十进制表示的国标码，国标码是十六进制表示的区位码。将某个汉字的区码和位码分别转换成十六进制后再分别加 20H，即可得到相应的国标码。

(2) 拼音码：微软拼音码。这种编码方法根据汉字的读音进行编码。输入时可在通用键盘上像输入英文一样进行，但同音异字、发音不准或不知道发音的字难以处理。例如，微软拼音输入法和智能 ABC 输入法等。

(3) 形码：五笔字型码。形码是指根据汉字形状确定的编码。由于构成汉字的部首和笔画是有限的，因此把汉字的笔画部件用字母或数字进行编码，按笔画书写顺序依次输入就能表示一个汉字。

(4) 音形码 。音形码根据汉字的读音和字形进行编码。它的编码规则既与音素有关，又与形素有关，即取音码实施简单、易于接受的优点和形码形象、直观之所长，从而得到较好的输入效果。

3) 汉字字形码

汉字字形码用于输出汉字的字形，通常采用点阵形式产生，所以汉字字形码就是确定一个汉字字形点阵的代码。全点阵字形中的每个点用一个二进制数来表示，随着字形点阵的不同，所需要的二进制位数也不同。

汉字点阵如表 1-6 所示。

表 1-6　汉字点阵表

汉字点阵类型	点　　　阵	占用字节数
简易型	16×16	32
普及型	24×24	72
提高性	32×32	128
精密性	48×48	288

1.5　互联网应用

1.5.1　微课与慕课

为了将繁冗的传统课堂进行提炼和简化，教师将课堂教学中的重点内容和核心内容，通过视频演示、旁白讲解的方式录制成长度为 5~10 分钟、最长不超过 20 分钟的单元，这就是微课。它是由美国新墨西哥州圣胡安学院的高级教学设计师、在线服务经理戴维·彭罗斯在 2008 年秋首创的。微课具有时间短、内容精、模块化、情景化、半结构化和碎片化等特点，特别适宜与个人电脑、智能手机、平板电脑等移动互联设备以及网络平台相结合，在移动互联网时代，为现代远程教育提供了碎片化、移动化的学习新体验，大大提高了学生的学习兴趣和积极性。

慕课是新近涌现出来的一种在线课程开发模式，它是发展于传统的发布资源、学习管理系统并将学习管理系统与更多的开放网络资源综合起来而成的新的课程开发模式。

慕课将分布于世界各地的授课者和学习者通过某一个共同的话题或主题联系起来。尽管这些课程通常对学习者并没有特别的要求，但是所有的慕课都会以每周研讨话题这样的形式，提供一种大体的时间表，其余的课程结构也是最小的，通常会包括每周一次的讲授、研讨问题以及阅读建议等。

每门课程通常会有频繁的小测验，有时还有期中和期末考试，考试通常由同学评分(比如一门课的每份试卷由同班的五位同学评分，以平均数为最后分数)。一些学生还成立了网上学习小组，可以跟附近的同学组成面对面的学习小组。

提供慕课学习的网站有很多，国内比较有名的有中国大学慕课、MOOC 学院等。

1.5.2　移动互联网

随着宽带无线接入技术和移动终端技术的飞速发展，人们迫切希望能够随时随地乃至在移动过程中都能方便地从互联网获取信息和服务，移动互联网应运而生并迅猛发展。

移动互联网就是将移动通信和互联网二者结合起来成为一体。4G 时代的开启以及移动终端设备的普及为移动互联网的发展注入了巨大的能量，截至 2018 年 2 月，我国移动互联网总数达 12.8 亿户，手机网民规模达到 10.6 亿。

移动通信和互联网已成为当今世界发展最快、市场潜力最大、前景最诱人的两大业务。这一历史上从来没有过的高速增长现象反映了随着时代与技术的进步，越来越多的人希望在移动的过程中高速地接入互联网，获取急需的信息，完成想做的事情。所以，移动互联网的出现是历史的必然。

1.5.3　物联网

物联网是在计算机互联网的基础上，利用 RFID 技术、无线数据通信等技术，构造一个覆盖世界上万事万物的网络(Internet of Things)。在这个网络中，物品(商品)能够彼此进行"交流"，而无需人的干预。其实质是利用射频识别(RFID)技术，通过计算机互联网实现物品(商品)的自动识别和信息的互联与共享。简而言之，物联网就是把所有物品通过信息传感设备与互联网连接起来，进行信息交换，即物物相息，以实现智能化识别和管理。

物联网的应用不仅仅是一个概念而已，它已经在很多领域得到运用。常见的运用案例有：

(1) 物联网传感器产品已率先在上海浦东国际机场防入侵系统中得到应用。机场防入侵系统铺设了 3 万多个传感节点，覆盖了地面、栅栏和低空探测，可以防止人员的翻越、偷渡、恐怖袭击等行为。

(2) ZigBee 路灯控制系统点亮济南园博园。园区所有的功能性照明都采用了 ZigBee 无线技术达成的无线路灯控制。

(3) 智能交通系统(ITS)以现代信息技术为核心，利用先进的通信、计算机、自动控制、传感器技术，实现对交通的实时控制与指挥管理。交通信息采集被认为是 ITS 的关键子系统，是发展 ITS 的基础，成为交通智能化的前提。无论是交通控制还是交通违章管理系统，都涉及交通动态信息的采集，因此，交通动态信息采集成为交通智能化的首要任务。

1.5.4　云时代与大数据

云时代也就是云计算的时代。云计算的基本原理是，通过使计算分布在大量的分布式计算机上，而非本地计算机或远程服务器中，企业数据中心的运行将与互联网更加相似。这使得企业能够将资源切换到需要的应用上，根据需求访问计算机和存储系统。

云计算可谓一种革命性的技术变革。它意味着计算能力也可以作为一种商品进行流通，就像煤气、水电一样，取用方便，费用低廉。最大的不同在于，它是通过互联网进行传输的。云计算的应用包含这样的一种思想，即把力量联合起来，给其中的每一个成员使用。从最根本的意义来说，云计算就是利用互联网上的软件和数据的能力和商业模式。

目前，PC 依然是我们日常生活中的核心工具，我们利用它来处理文档，存储资料，分享信息等等。如果硬盘坏了，我们会因为资料丢失而束手无策。而在云计算的时代，我们目前所使用的 PC 将被彻底淘汰，我们所需要的仅仅是显示器、鼠标等外部设备以及连接到互联网，所有的 PC 硬件资源将由"云"来分配，用户可以根据自己的需求购买足够的运算和存储能力。我们并不需要关心存储或计算发生在哪朵"云"上，但一旦有需要，我们可以在任何地点用任何设备，如电脑、手机等，快速地计算和找到这些资料。我们再也不用担心资料丢失。

当今社会是一个高速发展的社会，科技发达，信息流通，人们之间的交流越来越密切，生活也越来越方便，大数据就是这个高科技时代的产物。由于数据的爆发式增长，如何存储如今互联网时代所产生的海量数据，如何有效地利用和分析这些数据，是我们面临的一个新的课题。

由于庞杂的数据根本不可能使用一台计算机来处理，因此必须使用分布式的计算架构，对海量数据的挖掘，必须依托云计算的分布式处理、分布式数据库、云存储和虚拟化技术。

云计算与大数据之间的关系可以这样来理解：云计算就是一个容器，大数据正是存放在这个容器中的水，大数据是要依靠云计算来进行存储和计算的。

大数据离不开云计算，云计算为大数据提供了弹性可拓展的基础设备，是产生大数据的平台之一。自 2013 年开始，大数据技术已开始和云计算技术紧密结合，预计未来两者关系将更为密切。除此之外，物联网、移动互联网等新兴网络形态，也将一齐助力大数据革命，使云计算和大数据发挥出更大的影响力。

思考与练习

1. 第一台电子计算机是_____研制成功的，该机的英文缩写名是_____。

A. 1946 年，ENIAC　　　　　　　　　　B. 1947 年，MARKII

C. 1948 年，EDSAC　　　　　　　　　　D. 1949 年，EDVAC

2. 在计算机性能指标中，内存储器容量指的是_____。

A ROM 的容量　　　　　　　　　　　　B RAM 的容量

C ROM 和 RAM 的容量和　　　　　　　D CD-ROM 的容量

3. 用汇编语言或者高级语言编写的程序称为_____。

A 目标程序　　　　B. 源程序　　　　C. 翻译程序　　　　D. 编译程序

4. 下列两个软件都属于系统软件的是_____。

A. DOS 和 Excel　　　　　　　　　　　B. DOS 和 UNIX

C. UNIX 和 WPS　　　　　　　　　　　D. Word 和 Linux

5. 计算机中所有信息的存储都采用_____。

A. 十进制　　　　B. 十六进制　　　　C. ASCII　　　　D. 二进制

6. 二进制数 110110 对应的十进制数是_____。

A. 53　　　　　　B. 54　　　　　　C. 55　　　　　　D. 56

7. 与十进制数 5324 等值的十六进制数为_____。

A. 1144　　　　　B. 14C4　　　　　C. 14CC　　　　　D. 1C4C

8. 在下列字符中，其 ASCII 码值最大的一个是_____。

A. 8　　　　　　　B. 9　　　　　　　C. a　　　　　　　D. b

9. 设一个汉字点阵为 32×32，那么 100 个汉字的字形码信息所占用的字节数是_____。

A. 12 800　　　　　B. 128　　　　　C. 32×3200　　　　　D. 32×32

第 2 章 操作系统入门

操作系统(Operating System，OS)是管理和控制计算机硬件与软件资源的计算机程序，是直接运行在"裸机"上的最基本的系统软件，任何其他软件都必须在操作系统的支持下才能运行。本章将带领大家全面了解微软公司的 Windows 7 操作系统。

本章需重点掌握的内容有：了解操作系统分类和常见应用程序，掌握操作系统的安装和 Windows 基本操作。

◇ **本章知识点**

操作系统概述

Windows 7 操作系统安装

Windows 7 基本操作

实训案例：Windows 7 基本操作

2.1 操作系统概述

为了使计算机中所有的软、硬件资源协调一致，有条不紊地工作，就必须有一个软件来进行统一的管理和调度，这种软件就是操作系统。操作系统是最基本的系统软件，是管理和控制计算机中所有软件、硬件资源的一组程序。计算机系统不能缺少操作系统，操作系统的性能很大程度上决定了整个计算机系统的性能。它也是硬件与用户之间沟通的桥梁。

2.1.1 操作系统简介

计算机系统是由硬件系统与软件系统组成的，软件系统又分为系统软件与应用软件。

系统软件的任务是控制计算机各个硬件协同工作，正常运行，并且管理计算机的各种资源，以满足应用软件的需求。系统软件是计算机硬件和当前正在运行的应用程序之间的接口。在系统软件中，最重要的的软件就是操作系统了。

2.1.2 操作系统分类

经过多年的发展，操作系统多种多样，功能也相差很大，现如今已经发展到可以适应各种不同的应用和各种不同的硬件配置。操作系统有各种不同的分类标准，按与用户对话的界面分类，可分为命令行界面操作系统(如 MS-DOS、Novell)和图形用户界面操作系统(如 Windows)；按支持用户数量分，可分为单用户操作系统和多用户操作系统；按是否能同时运行多个程序划分，可分为单任务操作系统和多任务操作系统；按系统功能分类，可分为批处理操作系统、分时操作系统、实时操作系统和网络操作系统。

下面以按系统功能分类为例，简要介绍几种操作系统的功能及特点。

(1) 批处理操作系统：最早用于大型机，其特点是用户脱机使用计算机、作业成批处理和多道程序运行。

批处理操作系统要求用户事先把上机的作业准备好，包括程序、数据以及作业说明书，然后交给系统管理员，并按指定的时间收取运行结果，用户不直接与计算机打交道。系统管理员不是立即进行输入作业，而是等到一定时间或者达到一定数量之后才进行成批输入。由系统操作人员将用户提交的作业分批进行处理，每批中的作业由操作系统控制执行。

(2) 分时操作系统：分时操作系统允许多个用户共享同一台计算机的资源，即在一台计算机上连接几台甚至几十台终端机，终端机可以没有 CPU 与内存，只有键盘和显示器，每个用户都通过各自的终端机使用这台计算机的资源，计算机系统按固定的时间片轮流为各个终端服务。

分时操作系统主要目的是对联机用户的服务响应，具有同时性、独立性、及时性和交互性等特点。在分时操作系统中，分时是若干道程序对 CPU 运行时间的分享，通过设立的一个单位时间片来实现。也就是说 CPU 按时间片轮流执行各个作业，一个时间片通常为几十毫秒。

(3) 实时操作系统：实时操作系统(RTOS)是指当外界事件或数据产生时，能够接受并以足够快的速度予以处理，其处理的结果又能在规定的时间之内来控制生产过程或对处理系统作出快速响应，并控制所有实时任务协调一致运行的操作系统。因而，提供及时响应和高可靠性是其主要特点。实时操作系统有硬实时和软实时之分，硬实时要求在规定的时间内必须完成操作，这是在操作系统设计时保证的；软实时则只要按照任务的优先级，尽可能快地完成操作即可。我们通常使用的操作系统在经过一定改变之后就可以变成实时操作系统。

(4) 网络操作系统：网络操作系统(NOS)是网络的心脏和灵魂，是向网络计算机提供服务的特殊的操作系统。它在计算机操作系统下工作，使计算机操作系统增加了网络操作所需要的能力。网络操作系统运行在称为服务器的计算机上，并由联网的计算机用户共享，这类用户称为客户。

2.1.3　常用操作系统介绍

1. Windows 操作系统

Windows 操作系统(见图 2-1)是由微软公司开发的，多用于我们日常使用的台式电脑和笔记本电脑。Windows 操作系统有着良好的用户界面和简单的操作。在众多版本的 Windows 操作系统中，我们最熟悉的莫过于 Windows XP 和现在很流行的 Windows 7，还有比较新的 Windows 10。微软还开发了适合服务器的操作系统，像 Windows Server 2000，Windows Server 2003。一般的台式机不会去装此类的操作系统，因为它最初是为服务器设计的，对硬件的要求不同。

本书主要介绍 Windows 操作系统。

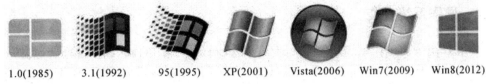

图 2-1　Windows 系列图标

2. UNIX 操作系统

UNIX 操作系统(见图 2-2)是一个多用户、多任务操作系统,支持多种处理器架构,按照前文对操作系统的分类,UNIX 操作系统属于分时操作系统。UNIX 操作系统通常安装在服务器上,没有用户界面,基本上都是命令操作。所以当你进入该系统时,只看到闪烁的光标,没有娱乐软件。

图 2-2　UNIX 图标

3. Linux 操作系统

Linux 操作系统(见图 2-3)继承了 UNIX 的许多特性,还加入了自己的一些新的功能。Linux 操作系统有的有图形界面有的没有。Linux 是开源的、免费的。用户可以使用 Linux 内核开发出有自己特色的操作系统。做的比较好的有:红旗,ubuntu,Fedora,Debian 等。这几种 Linux 操作系统都可以安装在台式机或笔记本上,并且支持 QQ、IE 等一些常用软件。

图 2-3　Linux 图标

4. 苹果操作系统

苹果操作系统(见图 2-4)也是比较常用的操作系统,它是基于 UNIX 内核开发的,具有华丽的用户界面、简单的操作、人性化的设计和良好的用户体验。

图 2-4　苹果图标

2.1.4 操作系统安装

使用 U 盘安装操作系统是目前大部分装机人员最常使用的,比起使用光盘安装更方便且体积小、易于携带。下面介绍使用软碟通安装 64 位 Windows 7 旗舰版操作系统的方法。

1. 安装前的准备材料

(1) 软碟通 UltraISO。

(2) Windows 7 ISO 镜像文件。

(3) 4 GB 以上的 U 盘一个,如图 2-5 所示。

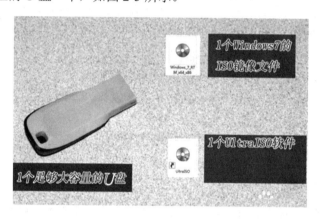

图 2-5　安装前的准备材料

2. 使用软碟通 UltraISO 制作 Windows 7 安装 U 盘

(1) 准备好上面的工具后,打开软碟通 UltraISO,如图 2-6 所示。选择【文件】→【打开】命令,弹出"打开 ISO"对话框,然后选择 Windows 7 的 ISO 镜像文件。

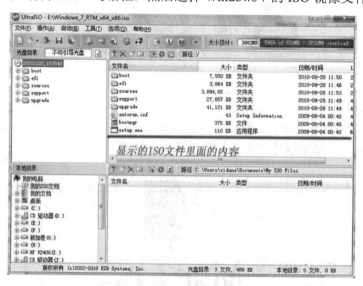

图 2-6　打开软碟通界面

(2) 选择【启动】→【写入硬盘镜像】命令,如图 2-7 所示。

图 2-7　【启动】界面

(3) 写入前应确保 U 盘上面的文件已经备份，不然在写入之前系统会自动格式化 U 盘，操作如图 2-8、图 2-9 所示。

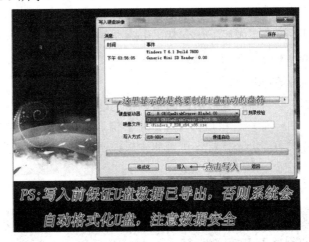

图 2-8　打开【写入硬盘映像】界面

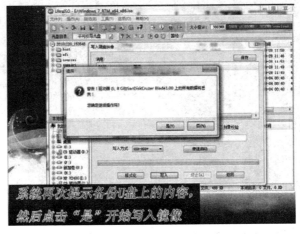

图 2-9　操作【写入硬盘映像】界面

(4) 系统格式化 U 盘后，就开始刻录 Windows 7 镜像到 U 盘，如图 2-10 所示。

图 2-10　【写入硬盘映像】运行界面

▲ 提示：等到进程条完成后，一个 Windows 7 的安装 U 盘就制作完成了，其他系统如 Window 8、Windows 10 等都可以这样制作。

3. 使用 U 盘安装 Windows 7

Winows 7 的安装 U 盘制作完成后，就可以使用这个 U 盘来安装系统了。首先重启电脑，进入 BIOS(台式机一般在开机后按住【DEL】键，笔记本按住【F2】键，由于主板不同，进入 BIOS 的方式可能会不一样，可查阅主板说明书，设置 U 盘为第一启动项，系统就会自动安装系统，中间可能会重启几次。

系统通过 U 盘引导之后，进入 Windows 7 的初始安装界面，如图 2-11 所示。

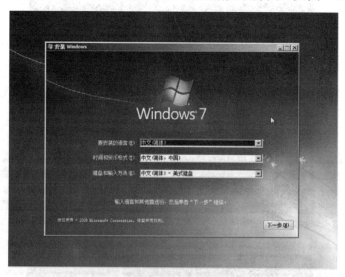

图 2-11　Windows 7 安装界面

(1) 单击【下一步】按钮，弹出如图 2-12 所示的对话框。

图 2-12 开始安装

(2) 双击【现在安装】选项，弹出如图 2-13 所示的对话框。

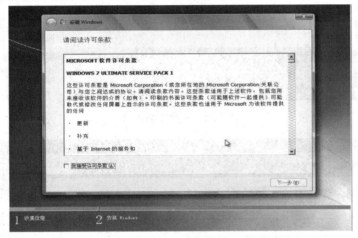

图 2-13 安装协议

进入协议许可界面，选中【我接受许可条款】复选框，单击【下一步】按钮，即进入安装方式选择界面，单击【自定义(高级)】选项，如图 2-14 所示。

图 2-14 选择安装类型

(3) 指定操作系统的安装位置。此时可以选择硬盘中的已有分区，或者使用硬盘上的未占用空间创建分区，如图 2-15、图 2-16 所示。

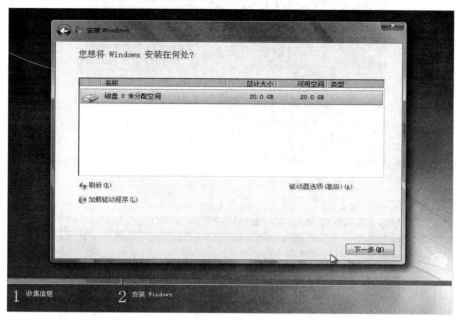

图 2-15　选择安装磁盘

图 2-16　磁盘分区

(4) 单击【下一步】按钮进入【正在安装 Windows...】界面，Windows 7 系统开始安装操作，并且依次完成安装功能、安装更新等步骤，如图 2-17 所示。

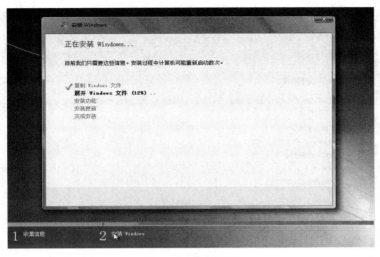

图 2-17　安装界面

(5) 安装完成之后，系统弹出如图 2-18 所示的对话框。

图 2-18　安装完成

(6) 单击【下一步】按钮进入创建用户名界面。在【键入用户名】文本框中输入一个用户名；在【键入计算机名称】文本框中输入计算机名，或者保持默认也可，为当前帐户设置密码(可跳过)，如图 2-19、图 2-20 所示。

图 2-19　用户名输入

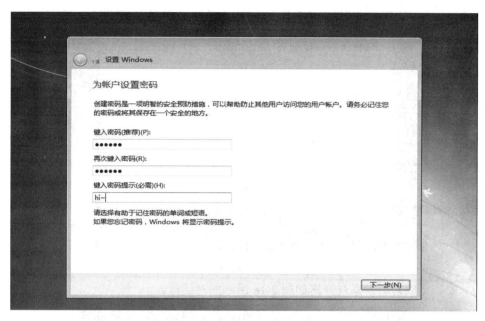

图 2-20　Windows 7 密码设置

　　(7) 单击【下一步】按钮进入输入产品密钥界面，输入正确的产品密钥，单击【下一步】按钮继续；若只是使用测试版，则无须输入产品密钥，直接单击【下一步】按钮，如图 2-21 所示。

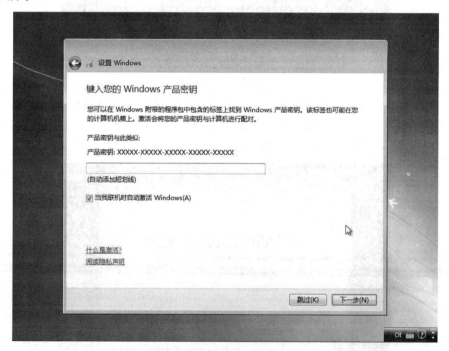

图 2-21　Windows 7 产品密钥输入

　　(8) 进入帮助自动保护计算机界面设置安全选项，一般情况下选择【使用推荐设置】选项，如图 2-22 所示。

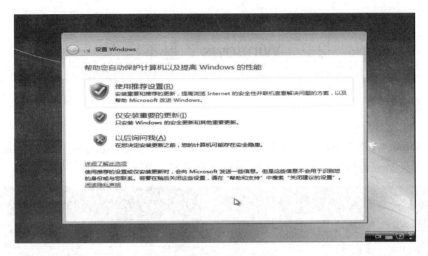

图 2-22　自动保护选项

(9) 进入【查看时间和日期设置】界面，设置正确的时间和日期，如图 2-23 所示。当然也可以在安装成功后再进行设置。

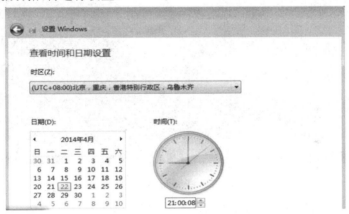

图 2-23　日期时间设置

(10) 系统进行最后的安装，直到出现期待已久的 Windows 7 桌面时，安装即告完成，如图 2-24 所示。

图 2-24　设置完成

2.2 Windows 7 基本操作

2.2.1 桌面

启动 Windows 7 以后，会出现如图 2-25 所示的画面，这就是通常所说的桌面。用户的工作都是在桌面上进行的。桌面上包括图标、任务栏、Windows 边栏等部分。

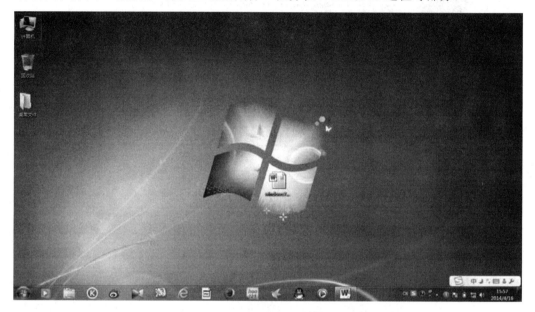

图 2-25　Windows 7 桌面

桌面上的小图片称为图标，如图 2-25 所示。它可以代表一个程序、文件、文件夹或其他项目。Windows 7 的桌面上通常有【计算机】、【回收站】等图标和其他一些程序文件的快捷方式图标。

【计算机】表示当前计算机中的所有内容。双击这个图标可以快速查看硬盘、CD-ROM 驱动器以及映射网络驱动器的内容。

【回收站】中保存着用户从硬盘中删除的文件或文件夹。当用户误删除或再次需要这些文件时，还可以到【回收站】中将其还原。

1. 桌面图标设置

为了增加使用的便利性，通常把一些常用的系统图标放在桌面上，操作步骤如下。

(1) 在桌面上右击，从弹出的快捷菜单中选择【个性化】命令，打开【个性化】窗口，单击窗口左侧任务窗格中的【更改桌面图标】链接。

(2) 弹出【桌面图标设置】对话框，在【桌面图标】选项卡中的【桌面图标】选项卡组中选中要在桌面上添加的复选框，单后单击【确定】按钮，如图 2-26 所示，被选中的图标就会被添加到桌面上了。

图 2-26　桌面图标设置

2．Windows 7 颜色外观设置

在 Windows 7 中可以随心所欲的调整【开始】菜单、任务栏及窗口的颜色和外观，具体操作步骤如下。

(1) 在桌面上右击，从弹出的快捷菜单中选择【个性化】命令，打开【个性化】窗口，单击【窗口颜色】链接。

(2) 打开【更改窗口边框、「开始」菜单和任务栏的颜色】界面，在 Windows 颜色方案中单击喜欢的颜色，如单击橘黄色；选中【启动透明效果】复选框可以使窗口具有像玻璃一样的透明效果；拖动【颜色浓度】右侧的滑块可以调节所选颜色的浓度。在整个调整的过程中可以随时预览到调整效果，若满意，单击【确定】按钮保存设置即可，如图 2-27 所示。

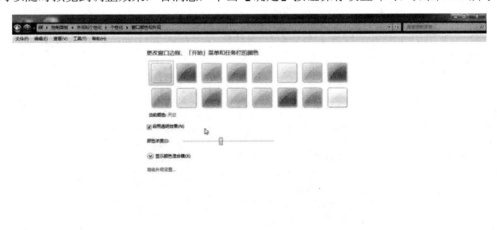

图 2-27　Windows 7 颜色外观设置

3．更换桌面

Windows 7 桌面背景俗称桌布，大家可以根据自己的喜好更换更漂亮的桌布，具体操作步骤如下。

(1) 在桌面右击，从弹出的快捷菜单中选择【个性化】命令，打开【个性化】窗口，单击窗口中的【桌面背景】链接。

(2) 打开【选择桌面背景】界面，图片列表框中提供了多张图片可供选择。如果想选择计算机中的图片作为背景，可单击【浏览】按钮从计算机中选择图片，如图 2-28 所示。

图 2-28　Windows 7 桌面背景设置

(3) 在弹出的【浏览文件夹】对话框中选择图片所在的文件夹，然后单击【确定】按钮，如图 2-29 所示。

图 2-29　背景图片选择

(4) 返回到【选择桌面背景】界面，单击【确定】按钮保存设置。这时，背景已经更换成自己选择的图片了，如图 2-30 所示。

图 2-30 修改桌面背景

4. 屏保设置

若屏幕长时间显示同一个画面，容易使屏幕受到损坏，从而缩短屏幕的使用寿命。如果设置了屏保功能，一段时间内不使用计算机就会自动启动屏幕保护程序，让屏幕上显示动画，以保护屏幕。

我们可以通过设置让屏保靓丽起来，具体操作如下。

(1) 在桌面上右击，从弹出的快捷菜单中选择【个性化】命令，打开【个性化】窗口，单击窗口下部的【屏幕保护程序】链接。

(2) 弹出【屏幕保护设置】对话框，在【屏幕保护程序】下拉列表框中选择喜欢的屏保程序。

(3) 选好屏保程序后，可在对话框中的预览窗口中预览到屏保效果；然后在【等待】文本框中设置屏保等待时间；设置完毕后单击【确定】按钮即可。

提示：屏保等待时间就是在电脑不被使用的情况下，等待自动启动屏幕保护程序的时间。

2.2.2 开始菜单

【开始】菜单是计算机程序、文件夹和系统设置的主门户，使用【开始】菜单可以方便地启动应用程序、打开文件夹、访问 Internet 和收发邮件等，也可对系统进行各种设置和管理。【开始】菜单的组成如图 2-31 所示。

左窗格：用于显示计算机上已经安装的程序。

右窗格：提供了对常用文件夹、文件、设置和其他功能访问的链接，如图片、文档、音乐、控制面板。

用户图标：代表当前登录系统的用户。单击该图标，将打开【用户账户】窗口，以便进行用

图 2-31 Window 7 开始菜单

户设置。

搜索框：输入搜索关键词，单击【搜索】按钮即可在系统中查找相应的程序或文件。

系统关闭工具：其中包括一组工具，可以注销 Windows、关闭或重新启动计算机，也可以锁定系统或切换用户，还可以使系统休眠或睡眠。

2.2.3　窗口

1. Windows 7 窗口基本简介

Windows 7 的窗口是用户对计算机操作的接口，下面让我们一起来认识一下 Windows 7 窗口的组成。窗口组成包括：地址栏、搜索栏、前进和后退按钮、菜单栏、工具栏、控制按钮、窗口边框、导航窗格、滚动条、详细信息面板，如图 2-32 所示。

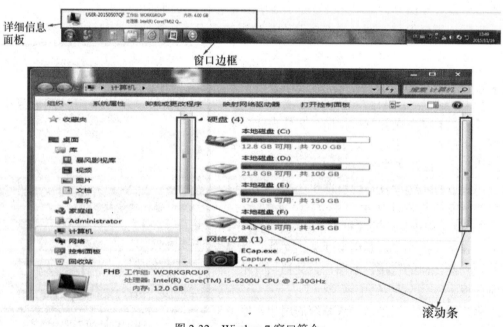

图 2-32　Window 7 窗口简介

2. Windows 7 窗口基本操作

1) 窗口

下面以图 2-33 所示的【计算机】窗口为例，介绍一下窗口的组成。

图 2-33　Windows 7 窗口

窗口的各组成部分及其功能介绍如下。

地址栏：在地址栏中可以看到当前打开窗口在计算机或网络上的位置。在地址栏中输入文件路径后，单击相应按钮，即可打开相应的文件。

搜索栏：在【搜索】框中输入关键词可筛选出基于文件名和文件自身的文本、标记以及其他文件属性，可以在当前文件夹及其所有子文件夹中进行文件或文件夹的查找。搜索的结果将显示在文件列表中。

前进和后退按钮：使用【前进】和【后退】按钮可导航到曾经打开的其他文件夹，而无须关闭当前窗口。这些按钮可与【地址】栏配合使用。例如，使用地址栏更改文件夹后，可使用【后退】按钮返回到原来的文件夹。

菜单栏：显示应用程序的菜单选项。单击每个菜单选项可以打开相应的子菜单，从中可以选择需要的操作命令。

工具栏：提供一些工具按钮，可以直接单击这些按钮来完成相应的操作，以加快操作速度。

控制按钮：单击【最小化】按钮，可以使应用程序窗口缩小成屏幕下方任务栏上的一个按钮，单击此按钮可以恢复窗口的显示；单击【最大化】按钮，可以使窗口充满整个屏幕。当窗口为最大化窗口时，此按钮将变成【还原】按钮 ，单击此按钮可以使窗口恢复到原来的状态；单击【关闭】按钮 ，可以关闭应用程序窗口。

窗口边框：用于标识窗口的边界。用户可以用鼠标拖动窗口边框以调节窗口的大小。

导航窗格：用于显示所选对象中包含的可展开的文件夹列表，以及收藏夹链接和保存的搜索。通过导航窗格，可以直接导航到所需文件所在的文件夹。

滚动条：拖动滚动条可以显示隐藏在窗口中的全部内容。

详细信息面板：用于显示与所选对象关联的最常见的属性。

2) 隐藏窗口

隐藏窗口也称为"最小化"窗口。单击窗口右上角的【最小化】按钮后，窗口会从桌面消失，但在任务栏处仍会显示该窗口的任务按钮，单击该按钮，即可将窗口还原。

　　3）调整窗口大小

　　拖动窗口的边框可以改变窗口的大小，具体操作步骤如下：

　　(1) 将鼠标指标移动到要改变大小的窗口边框上(垂直边框、水平边框或一角)，如移动到右侧边框上。

　　(2) 待指针形状变为双向箭头时按住鼠标左键不放，拖动边框到适当位置后松开鼠标左键，此时窗口的大小已经被改变了。

　　4）多窗口排列

　　如果在桌面上打开了多个程序或文档窗口，那么，前面打开的窗口将被后面打开的窗口覆盖。在 Windows 7 操作系统中，提供了层叠窗口、堆叠显示窗口和并排显示窗口 3 种排列方式。

　　排列窗口的方法为：在任务栏的空白处右击，从弹出的快捷菜单中选择一种窗口的排列方式，例如选择【并排显示窗口】命令，多个窗口将以【并排显示窗口】顺序显示在桌面上，如图 2-34 所示。

图 2-34　Windows 7 多窗口排列

2.2.4　控制面板

　　控制面板是用来对系统进行设置的一个工具集。我们可以根据自己的喜好更改显示器、键盘、鼠标器等硬件的设置，可以安装新的硬件和软件，以便更有效地使用系统。

1. 打开控制面板

　　点击桌面左下角的圆形【开始】按钮，从【开始】菜单中选择【控制面板】就可以打开 Windows 7 系统的【控制面板】。

2. Windows 7 控制面板丰富的查看方式

Windows 7 系统的控制面板默认以【类别】的形式来显示功能菜单，分为系统和安全，用户帐户和家庭安全，网络和 Internet，外观和个性化，硬件和声音，时钟、语言和区域，程序、轻松访问等类别，每个类别下会显示该类的具体功能选项。

除了【类别】，Windows 7 控制面板还提供了【大图标】和【小图标】的查看方式，只需点击控制面板右上角【查看方式】旁边的小箭头，从中选择自己喜欢的形式就可以了，如图 2-35 所示。

图 2-35　【控制面板】窗口

3. 控制面板中【设备管理器】的使用

在控制面板中选择【硬件和声音】进入如图 2-36 所示页面，在其中可以查看当前计算机外设及其状态。如果发现某种设备工作不正常，可以将其卸载或者更新驱动程序。

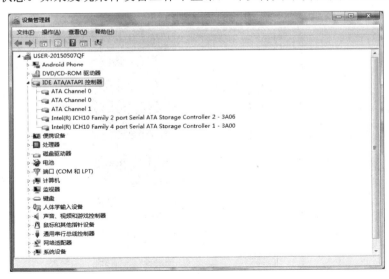

图 2-36　【设备管理器】窗口

2.2.5　资源管理器

　　资源管理器(见图 2-37)是 Windows 系统提供的资源管理工具，我们可以用它来查看本台计算机的所有资源，特别是它提供的树形的文件系统结构，使我们能更清楚、更直观地认识计算机的文件和文件夹。另外，在资源管理器中还可以对文件进行各种操作，如打开、复制、移动等。

图 2-37　【Windows 资源管理器】窗口

　　启动资源管理器有如下三种方法。

　　方法一：选择【开始】→【所有程序】→【附件】→【Windows 资源管理器】命令，打开【Windows 资源管理器】窗口，如图 2-38 所示。

　　方法二：按下键盘上的 Windows 徽标键＋E 组合键。

　　方法三：单击【计算机】窗口导航窗格下方的【库】按钮，即可打开【Windows 资源管理器】。

图 2-38　打开【Windows 资源管理器】

2.2.6　文件与文件夹

1. 文件

文件是计算机储存数据、程序或文字资料的基本单位，是一组相关信息的集合。文件在计算机中采用"文件名"来进行识别。

文件名一般由文件名称和扩展名两部分组成，这两部分由一个小圆点隔开。扩展名代表文件的类型，例如，Word 文件的扩展名为.doc 或.docx，文本文档的扩展名为.txt 等。在 Windows 操作系统下，文件名称可由 1～255 个字符组成，而扩展名由 1～4 个字符组成。

在文件名中禁止使用一些特殊字符，否则会使系统因不能正确辨别文件而出现错误。这些禁止使用的特殊字符有点(.)、引号(")、斜线(/)、冒号(:)、反斜杠(\)、逗号(,)、垂直线(|)、星号(*)、等于号(＝)以及分号(;)。

2. 文件夹

Windows 7 借助"文件夹"从而有效地管理文件。如果把文件比做书的话，那么文件夹就可以看成是书架，有了这个书架，就可以井然有序地存放文件了，就好比把不同种类的书归放到不同书架上一样。文件夹同文件一样也有自己的名称，用来标识文件夹，但是文件夹没有扩展名。

文件夹里除了可以容纳文件外，还可以容纳文件夹。内部所包含的文件夹称为其外部文件夹的子文件夹；外部文件夹称为其内部包含的文件夹的父文件夹；可以创建任何数量的子文件夹，每个子文件夹中又可以容纳任何数量的文件和其他子文件夹(在磁盘容量范围之内)。如果一个文件夹包含许多子文件夹，它便成为一个倒过来的树的形状，这种结构称为目录树，也叫做多级文件夹结构。

3. 浏览文件和文件夹

依次选择【开始】→【所有程序】→【附件】→【Windows 资源管理器】命令，打开【Windows 资源管理器】窗口，如图 2-39 所示。

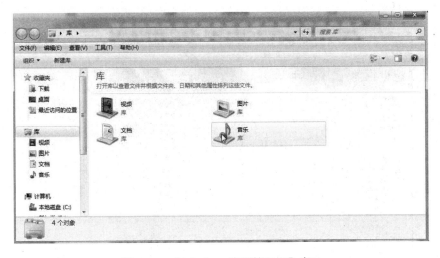

图 2-39　【Windows 资源管理器】窗口

在【Windows 资源管理器】窗口左侧的导航窗格中单击【文件夹】列表中的任意一项，如【库】文件夹，这时窗口右侧的内容列表中就会显示包含在其中的文件和子文件夹。双击内容列表中的任意一个文件夹，如双击【图片】文件夹，就可以打开此文件夹进行查看，继续双击内容列表中的【示例图片】文件夹将其打开，就会在内容列表中显示其中的内容，如图 2-40 所示。

图 2-40　示例图片

4. 更改文件或文件夹的排列方式

在 Windows 7 中，我们可以将文件按照【名称】、【修改日期】、【类型】、【大小】等类型来排列。除此之外，还可以为视频、图片、音乐等特殊的文件夹添加与其文件类型相关的排列方式。这样不但能够将各种文件归类排列，还可以加快文件或文件夹的查看速度。

在【资源管理器】的内容列表中的空白处右击，从弹出的快捷菜单中选择【排列方式】命令，然后在其子菜单中选择需要的排列方式，如图 2-41 所示，本例选择【修改日期】排列方式。

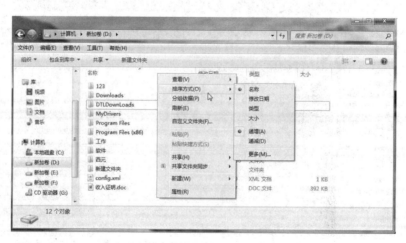

图 2-41　文件排列方式

此时，文件和文件夹就会按照选择的排列方式进行排列，如图 2-42 所示。

图 2-42 按修改日期排列效果

5. 新建文件/文件夹

计算机中有一部分文件是系统自带的，如 Windows 7 系统及其他应用程序中自带了许多文件或文件夹；另一部分文件或文件夹是用户根据需要创建的，如用画图工具画一张图画、用 Word 软件写一篇文章等。为了把文件归类放置，还可以新建一个文件夹，把同类型文件放在其中。

在 Windows 7 中新建文件或文件夹的方法和在以前 Windows 版本中的方法类似，都是在资源管理器中右击，然后从弹出的快捷菜单中选择相应的新建命令来创建文件或文件夹。下面以新建文件夹为例进行说明，步骤如下：

(1) 在需要建立文件夹的位置右击，在弹出的快捷菜单中依次选择【新建】→【文件夹】命令，如图 2-43 所示。

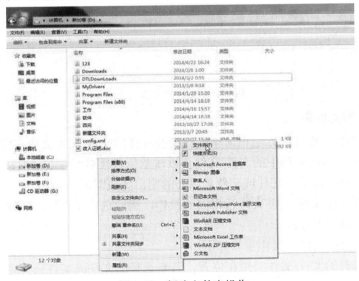

图 2-43 新建文件夹操作

(2) 此时，内容列表中即新建了一个名为【新建文件夹】的文件夹，如图 2-44 所示。

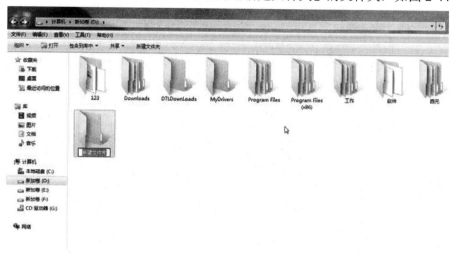

图 2-44　新建文件夹

(3) 当新建文件夹名称为高亮显示时，可直接在文件夹名称文本框中输入一个新的名称，输入完毕后，直接按【Enter】键完成操作，如图 2-45 所示。

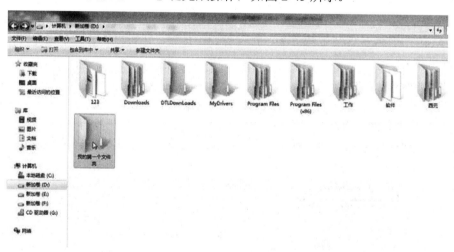

图 2-45　文件夹名称修改

6. 选择文件/文件夹

选择单个文件/文件夹的方法很简单：找到要选择的文件/文件夹所在位置，单击要选择的文件/文件夹，这时被选中的文件/文件夹以浅蓝色背景显示；若要取消对文件/文件夹的选择状态，只要再次单击文件或文件夹以外的空白区域即可。

若需要选择多个文件/文件夹进行相同的操作，逐一选中文件/文件夹就太麻烦了。下面介绍几种较为简单的方法：

方法一：鼠标拖动法。操作步骤如下：

找到需要选择的文件/文件夹所在位置，若要选择的文件或文件夹排列在一起(或呈矩形状)，则按住鼠标左键不放，用鼠标指针拖出一个蓝色矩形框框住它们，如图 2-46 所示，松开鼠标左键，即可将多个文件/文件夹选中。

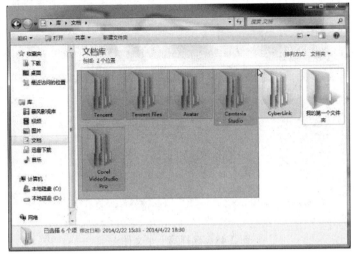

图 2-46　选定多个文件夹

方法二：利用【Ctrl】键选择多个不连续的文件/文件夹。操作步骤如下：

找到需要选择的文件/文件夹所在位置，按住【Ctrl】键不放，依次单击需要的文件/文件夹。选择完毕后释放【Ctrl】键，即可选择多个不连续的文件/文件夹(也可以选择相邻的文件/文件夹)，如图 2-47 所示。

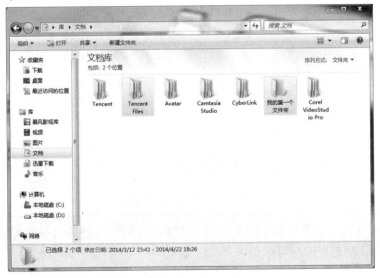

图 2-47　选定多个不连续的文件夹

> 小提示：按下【Ctrl】键的同时，如果再次单击被选中的某个文件或文件夹，将取消对此文件或文件夹的选择。

方法三：利用【Shift】键选择多个连续的文件/文件夹。操作步骤如下：

找到需要选择的文件/文件夹所在位置，单击要选中的第一个文件/文件夹，如图 2-48 所示。

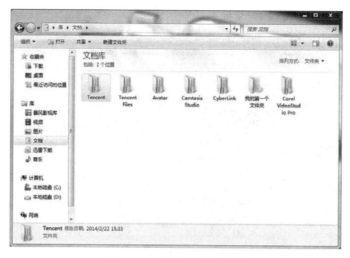

图 2-48　选择第一个文件夹

　　按住【Shift】键不放，再单击要选择的最后一个文件/文件夹，其间的文件或文件夹将全部被选中，如图 2-49 所示。

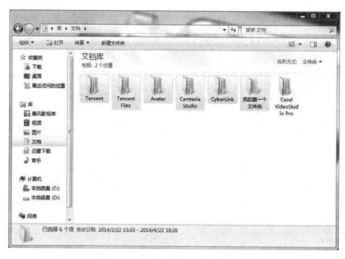

图 2-49　连续文件夹被选定

　　小提示：在选择了多个连续的文件/文件夹后，若想取消对其中某个文件/文件夹的选择，可按住【Ctrl】键的同时单击该文件/文件夹。

　　方法四：若要选择某文件夹窗口中的全部文件或文件夹，可依次选择菜单中的【编辑】→【全选】命令，或按下【Ctrl+A】组合键。

7. 复制文件/文件夹

　　复制文件/文件夹是指在需要的位置创建它的一个备份，但并不改变原来位置上的文件/文件夹的内容。复制文件/文件夹的具体操作步骤如下：

　　(1) 找到需要的文件/文件夹所在的位置，选择要复制的文件/文件夹(可以选择多个文件/文件夹)，如图 2-50 所示。

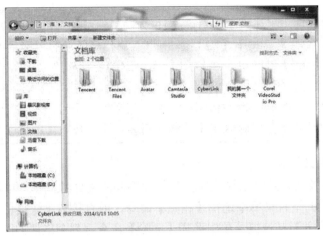

图 2-50　选择文件夹

(2) 单击工具栏上的【组织】按钮，从弹出的下拉菜单中选择【复制】命令。

(3) 在【资源管理器】的导航窗格中单击目标文件夹(如"文件备份")。

(4) 单击工具栏上的【组织】按钮，从弹出的下拉菜单中选择【粘贴】命令，文件就被复制到目标位置，如图 2-51 所示。

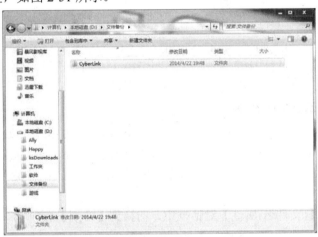

图 2-51　复制文件夹

8. 移动文件/文件夹

如果需要将某个文件/文件夹直接移动到另外一个文件夹中，首先打开该文件/文件夹所在的文件夹窗口，然后再打开目标文件夹窗口，将两个窗口都放置于桌面上。在第一个文件夹窗口(原位置)选中要移动的文件/文件夹，按住鼠标左键不放，将其拖动至第二个文件夹窗口(目标文件夹)中，松开鼠标左键，即可完成文件/文件夹的移动。

9. 重命名文件/文件夹

找到需要的文件/文件夹所在位置，选择要重命名的文件/文件夹，单击工具栏上的【组织】按钮，从弹出的下拉菜单中选择【重命名】命令，此时文件/文件夹名呈反白显示的可输入状态。在文件名文本框中输入新的名称，然后按下【Enter】键或在文件/文件夹名外的其他空白位置单击，即可完成重命名操作。

> 小提示：除了使用上述方法重命名文件/文件夹外，还有以下三种方法：① 单击需要重命名的文件/文件夹，按下【F2】键，此时文件/文件夹的名称呈可输入状态，输入新名称后按下【Enter】键即可。② 右击要重命名的文件/文件夹，在弹出的快捷菜单中选择【重命名】命令，此时文件/文件夹的名称呈可输入状态，输入新名称后按下【Enter】键即可。③ 在文件/文件夹名称上单击两次(要注意速度不能过快，否则就成双击了)，此时文件/文件夹名称就会呈可输入状态，输入新名称后，按下【Enter】键即可。

10. 删除文件/文件夹

找到要删除的文件/文件夹所在位置，选择要删除的文件/文件夹，单击工具栏上的【组织】按钮，从弹出的下拉菜单中选择【删除】命令，或直接按下快捷键【Delete】键，或右击该文件/文件夹并且从快捷菜单中选择【删除】命令，都会出现如图 2-52 所示的【删除文件(夹)】对话框，在此单击【是】按钮，就可以将文件/文件夹删除了。

图 2-52　删除文件(夹)

11. 隐藏与显示文件/文件夹

默认情况下的 Windows 7 不会显示系统文件和隐藏属性的文件，如果需要对这些文件进行操作，则需要设置这些文件能够在资源管理器中正常显示。隐藏文件的操作步骤如下：

(1) 在要隐藏的文件夹上右击(此处以文件夹为例)，从弹出的快捷菜单中选择【属性】命令。

(2) 在弹出的【(文件名)属性】对话框中，切换到【常规】选项卡，选中【属性】栏中的【隐藏】复选框，然后单击【确定】按钮，如图 2-53 所示。

图 2-53　【(文件名)属性】对话框

(3) 在弹出的【确认属性更改】对话框中，选中需要隐藏的范围，然后单击【确定】按钮，如图 2-54 所示。

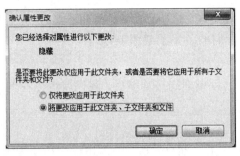

图 2-54　文件夹隐藏属性

(4) 在弹出的【应用属性】对话框中会显示应用隐藏属性的进程，显示完毕后该对话框自动关闭。隐藏的文件夹在当前用户中以半透明方式显示，而其他用户登录计算机时根本看不到该文件夹。

　　小提示：取消对文件或文件夹的隐藏只需要在步骤(2)所对应的图示中取消选中【隐藏】复选框，然后单击【确定】按钮即可。

2.3　常见应用程序

2.3.1　常用附件

Windows 7 系统中新增了一些非常有用的附件，很多用户都忽略了这些小工具，其实在使用系统的过程中，熟练使用这些工具是非常方便的，如图 2-55 所示。

图 2-55　常用附件

现以如下几个工具为例，简要介绍常用附件的使用方法。

1) 截图工具

也许用户已经习惯了使用 QQ 进行截图，离开了 QQ 甚至不知道该怎样截图，其实 Windows 7 系统中早就为我们准备好了截图工具。

2) 远程桌面连接

当某台计算机开启了远程桌面连接功能后，我们就可以在网络的另一端控制这台计算机了，非常方便。

3) 运行

运行是 Windows 的重要组成部分，是一个应用程序快速调用的组件。通过【运行】窗口，可以调用 Windows 中的任何应用程序甚至 DOS 命令，在系统维护中使用较多。

4) 系统工具

系统工具常用的功能有系统优化(磁盘的分区、清理、碎片整理等)，系统管理(驱动安装及更新等)以及系统还原等，如图 2-56 所示。

图 2-56　系统工具

2.3.2　系统维护与优化

系统维护是指通过不同方法，加强对系统使用过程的管理，以保护系统的正常运行。

系统优化是指通过调整系统设置，合理进行软硬件配置，使得操作系统能正常高效的运行。

1. 系统优化和维护的经验

(1) 用好 Windows 系统自带的维护工具，包括：

➢ 学会正确设置控制面板中的各个项目；

➢ 熟悉计算机的硬件配置；

➢ 定期备份系统注册表；

➢ 做好常用文件备份工作；

➢ 定期扫描磁盘与优化磁盘；

➢ 清理磁盘中无用的文件；

➢ 使用"系统还原"功能快速恢复系统设置。

(2) 定期升级驱动和 BIOS。

2. 操作系统自带系统维护程序的使用

Windows 7 操作系统自带磁盘碎片整理程序和磁盘清理程序，打开和使用方法见图 2-57～图 2-60。

图 2-57　打开【磁盘碎片整理程序】

图 2-58　【磁盘碎片整理程序】工作界面

图 2-59　打开【磁盘清理程序】

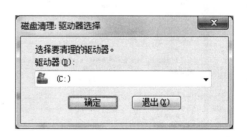

图 2-60　【磁盘清理程序】工作界面

2.4 实训案例：Windows 7 基本操作

一、目的与要求

熟悉 Windows 7 基本操作方法。
掌握文件新建、重命名、移动、复制以及删除操作。
掌握文件夹新建、重命名、移动、复制以及删除操作。

二、实训内容

在 Windows 7 中进行文件的移动、复制、重命名操作。
在 Windows 7 中进行文件夹的移动、复制、重命名操作。

三、基本操作题

(1) 将 D 盘中 123 文件夹下的 SKIP 文件夹中的 GAP 文件夹复制到 123 文件夹下的 EDOS 文件夹下，并更名为 GUN。

(2) 将 D 盘中 123 文件夹下的 GOLDEER 文件夹中的文件 DOSZIP.OLD 设置隐藏和存档属性。

(3) 在 123 文件夹下 YELLOW 文件夹中建立一个名为 GREEN 的新文件夹。

(4) 将 123 文件夹下 ACCES 文件夹下 POWER 文件夹中的 NKCC.FOR 移动到 123 文件夹下的 NEXON 文件夹中。

(5) 将 123 文件夹下的 BLUE 文件夹删除。

操作步骤：

第一步：打开 D 盘找到 123 文件夹并打开，如图 2-61 所示。

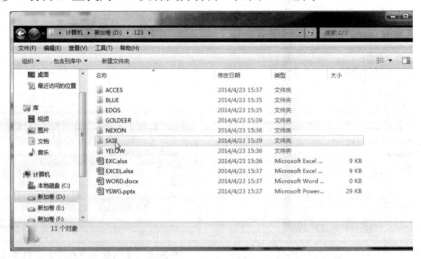

图 2-61 打开 123 文件夹

在 SKIP 文件夹中找到 GAP 文件夹并右击，在弹出的对话框中选择【复制】选项，如图 2-62 所示。

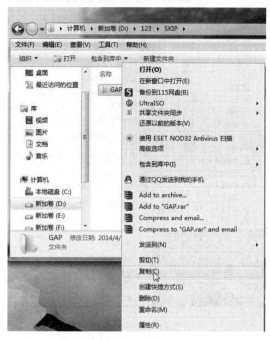

图 2-62　文件夹复制

返回上一层找到并打开 EDOS 文件夹，在空白处右击，在弹出的对话框中选择【粘贴】选项，如图 2-63 所示。

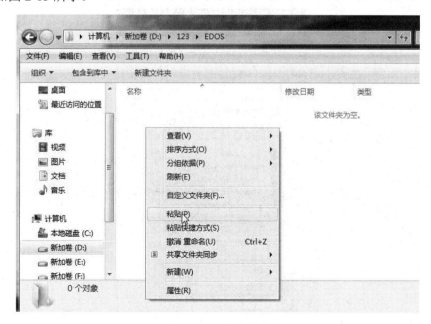

图 2-63　文件夹粘贴

接着右击 GAP 文件夹并选择【重命名】选项，如图 2-64 所示。

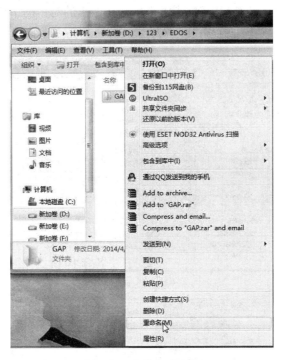

图 2-64　文件夹重命名

输入文件名"GUN"，完成第一步。

第二步：打开 123 文件夹并找到 GOLDEER 文件夹，在 GOLDEER 文件夹中找到 DOSZIP.OLD 文件，右击该文件，选择【属性】选项，如图 2-65 所示。

图 2-65　修改文件属性

在【属性】对话框中勾选【隐藏】并单击【高级】按钮，在弹出的对话框里勾选【可以存档文件】。点击对话框下方的【确定】按钮完成操作，如图 2-66 所示。

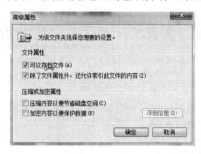

图 2-66　添加存档属性

第三步：打开 123 文件夹并找到 YELLOW 文件夹，打开 YELLOW 文件夹后在空白处右击并选择【新建】选项，再选择【文件夹】选项，如图 2-67 所示。

图 2-67　新建文件夹

此时在 YELLOW 文件夹里就出现了一个"新建文件夹"，之后为该文件夹重命名为"GREEN"，如图 2-68 所示。

图 2-68　文件夹重命名

第四步：打开 123 文件夹下的 ACCES 文件夹，找到 POWER 文件夹并打开，选择 NKCC.FOR 文件，右击并选择【剪切】选项，如图 2-69 所示。

图 2-69　文件剪切(移动)

回到 123 文件夹并找到 NEXON 文件夹，打开 NEXON 文件夹，在空白处右击并选择 【粘贴】选项，将文件 NKCC.FOR 粘贴到该文件夹里，如图 2-70 所示。

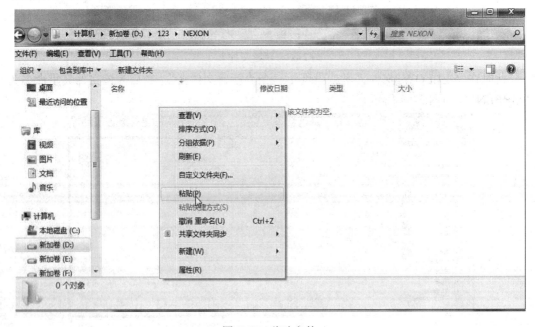

图 2-70　移动文件

第五步：打开 123 文件夹找到 BLUE 文件夹，右击该文件夹并选择【删除】选项，如图 2-71 所示。

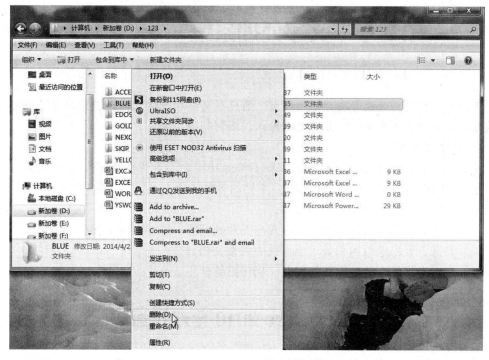

图 2-71　删除文件夹

在弹出的对话框中选择【是】按钮，完成删除操作，如图 2-72 所示。

图 2-72　【删除文件夹】对话框

第 3 章　文字处理系统 Word 2010

Word 2010 的文本处理功能相当强大，通过对文本和段落的格式设置，可以使文档更加美观。本章将介绍 Word 2010 的文本输入、编辑与美化操作。

◇ **本章知识点**

对 Office 2010 有个全新的认识，掌握 Office 2010 软件套件的通用操作方法。

掌握 Word 2010 文本的输入与编辑，文档的各种排版方式，使文档中字符优美、规范，段落整洁，提高文档的美观性和易读性。

掌握图形的绘制与编辑、图片的格式与图片处理等，能够熟练掌握公式、艺术字的插入，能够熟练、轻松地组织和处理上百页的大型文档。

掌握插入表格的方法，学会如何在文档中熟练使用表格。

3.1　Office 2010 全新界面

Microsoft Office 2010 的新界面简洁明快，标志也改为了全橙色。Office 2010 采用了功能区新界面主题，由于程序功能的日益增多，微软专门为 Office 2010 开发了这套界面。本节将对 Office 2010 的工作界面进行简单介绍。

3.1.1　文档处理 Word 2010

Word 2010 具有强大的文字处理功能，同时可以处理各种图形，创建各种表格等。Word 2010 软件界面友好，提供了丰富多彩的工具，利用鼠标就可以完成选择、排版等操作。Word 2010 的操作窗口根据不同的功能进行了不同的区域划分，具体划分如图 3-1 所示，各区域的作用如表 3-1 所示。

图 3-1　Word 2010 的工作界面

表 3-1　Word 2010 操作界面分析表

名　　称	作　　用
快速访问工具栏	用于放置一些常用的工具，在默认情况下包括【保存】、【撤销】、【恢复】三个工具按钮，可以根据需要进行添加
文档标题栏	显示文档的名称及类型
控制按钮	对 Word 2010 的窗口进行最大化、最小化、关闭等操作
【文件】按钮	用于打开【文件】菜单
选项卡标签	用于功能之间的切换
【功能区最小化】和【帮助】按钮	【功能区最小化】用于对功能区的隐藏操作，【帮助】按钮用于打开 Word 2010 的帮助菜单
功能组	用于放置编辑文档时所用的功能
标尺	分为水平标尺和垂直标尺，用于对齐文档中的文本、图形等
编辑区	用于显示文档内容或对文本、图片、图形、表格等对象进行编辑
状态栏	用于显示当前文档的页数、状态、视图方式以及显示比例等内容

3.1.2　电子表格 Excel 2010

Excel 2010 被广泛应用于电子表格的创建和编辑等，具有制作各种类型的电子表格、在表格中填充数据、分析处理表格数据、用统计图表表示数据和在表格中插入并处理图片等功能。Excel 2010 与 Word 2010 的操作界面既有不同之处，也有相同之处，下面只对 Excel 2010 中其他组件没有的功能进行介绍。Excel 2010 的操作界面如图 3-2 所示，各区域的作用如表 3-2 所示。

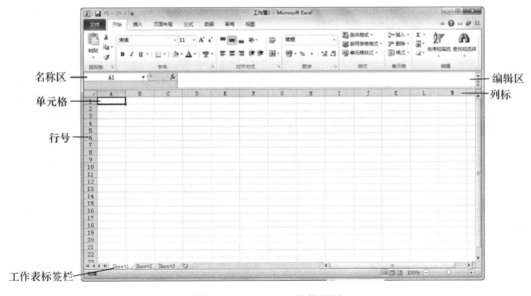

图 3-2　Excel 2010 软件界面

表 3-2　Eexcel 2010 操作界面分析表

名　称	作　用
名称区	用于显示或定义所选单元格或单元格区域的名称
编辑区	用于显示或编辑所选单元格的内容
列标	对工作表中的列进行命名，以 A、B、C……的形式标记
行号	对工作表中的行进行命名，以 1、2、3……的形式命名
单元格	在 Excel 的工作区中，每个单元格都是以虚拟的网格进行界定的
工作表标签栏	用于显示当前工作薄中工作表的名称

3.1.3　演示文稿 PowerPoint 2010

PowerPoint 2010 主要用于演示文稿的创建，即幻灯片的制作，可有效用于演讲、教学、产品演示等。

PowerPoint 2010 的操作界面如图 3-3 所示，各区域的作用如表 3-3 所示。

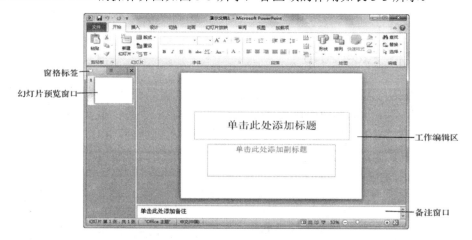

图 3-3　PowerPoint 2010 软件界面

表 3-3　PowerPoint 2010 操作界面分析表

名　称	作　用
窗格标签	用于切换到【幻灯片】和【大纲】窗格
幻灯片预览窗口	可以显示幻灯片的缩略图
工作编辑区	对于选择的幻灯片，可以在编辑区进行编辑
备注窗口	显示以及编辑幻灯片的备注信息

3.2　Office 2010 通用基础操作

Office 2010 的组件非常多，所有组件的通用基础操作大都非常相似，其中包括启动、新建、保存、关闭与退出等。本节以 Word 2010 为例，介绍具体的操作方法。

3.2.1　启动 Office 2010

启动 Office 2010 的方法有很多种，下面介绍常用的两种方法：通过【开始】菜单启动和通过桌面快捷方式启动。

1. 通过【开始】菜单启动

在桌面上单击【开始】按钮，在展开的快捷菜单中依次单击【所有程序】→【Microsoft Office】→【Microsoft Word 2010】选项，如图 3-4 所示。经过以上操作后，便启动了 Word 2010 文档，并默认创建了一个文档，名称为【文档 1】。

图 3-4　通过【开始】菜单启动 Office

2. 通过桌面快捷方式启动

在桌面上单击【开始】按钮，找到【Microsoft Office】选项，将【Microsoft　Word 2010】的图标直接拖动到桌面上，即可在桌面上创建快捷方式，如图 3-5 所示。双击该图标即可启动 Word 2010 文档。

图 3-5　在桌面创建快捷方式

3.2.2　新建 Office 2010 文档

启动 Office 2010 文档后，会有一个默认的文档。如果用户还要新建更多的文档，例如在文档中新建空白文档或模板文档，可以按照下面的方法进行操作。

1. 在文档中新建空白文档

在打开的文档中单击【文件】按钮，然后在【文件】菜单中单击【新建】命令，在右侧界面中单击【空白文档】选项，如图 3-6 所示，在界面右下角单击【创建】按钮，即可创建一个空白的 Word 文档，命名为【文档 2】。

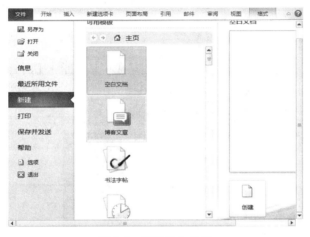

图 3-6 新建空白文档

小提示：除了前面的方法外，按下【Ctrl＋N】快捷键也可以快捷创建一个空白文档。

2. 新建模板文档

在打开的文档中单击【文件】按钮，然后在【文件】菜单中单击【新建】命令，在右侧界面中显示出【可用模板】内容后，选择【样本模板】，如图 3-7 所示。此时界面中会显示出模板样式，单击其中的一个模板【基本报表】，再单击【创建】按钮，即可创建一个基本报表的模板文档。在文档的界面中已设置好文档封面、页眉、页脚等，用户只要将实际内容输入到相应位置即可。

图 3-7 新建模板文档

小提示：在新建模板文档时，用户还可以选择模板类型，如博客文章、书法字帖、最近打开的模板、我的模板以及 Office.com 模板等。

3.2.3　对文档进行存储

为了避免正在编辑的文档因为操作失误或电脑出错导致文档丢失的情况，用户可以将文档进行保存。保存文档有两种方式，如果是第一次存储新编辑的文档，可以对其设置保存路径、文件名等；初次保存文档后，如果用户对其进行了修改，同时需要重新更改文档名称，此时可以选择【另存为】。除此之外，用户还可以将文档保存为旧版格式。

1. 保存文档

需要对文档进行保存时，单击快速访问工具栏中的【保存】按钮，在弹出的【另存为】对话框中设置文档的保存路径，如图 3-8 所示。

图 3-8 保存文档

在【文件名】文本框中输入保存名称，例如【报告模板】，然后单击【保存】按钮。返回文档后，可以看到文档的名称已经应用了保存时设置的名称，如图 3-9 所示。如果下次要打开该文档查看或编辑，可以在设置的保存路径中打开该文档。

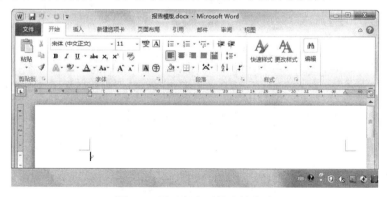

图 3-9　显示保存后的文档名称

> 小提示：如果是在编辑已保存过的文档，直接单击【保存】按钮，即可保存编辑后的文档，保存的快捷键为【Ctrl + S】。

2. 另存文档

单击【文件】按钮，在【文件】菜单中单击【另存为】命令，如图 3-10(a)所示，在弹出的【另存为】对话框中设置文档的保存路径，然后在【文件名】文本框中重新输入保存的文档名称，如图 3-10 所示，单击【保存】按钮即可将此文档另存一份。

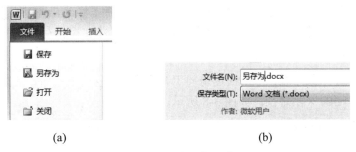

（a）   （b）

图 3-10   另存文档操作

3. 将文档保存为旧版本格式

从 Office 2007 之后，Word 文档的后缀名从*.doc 更换为*.docx，在低版本的 Word 中，是无法打开 docx 格式的文档的，必须转存为旧版本格式。按照同样的方法弹出【另存为】对话框，单击【保存类型】右侧倒三角按钮，在展开的下拉列表中单击【Word 97-2003 文档(*. doc)】选项，如图 3-11 所示，单击【保存】按钮，该文档即被保存为旧版本格式，同时文档标题名后添加了【兼容模式】字样。保存为 doc 格式的文档，就可以在低版本的 Office 软件中编辑或查看了。

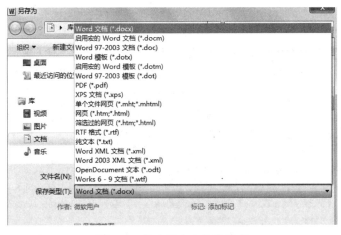

图 3-11   将文档存为其他类型

3.3 输入和编辑

3.3.1 使用键盘快速输入

Windows 的默认输入语言是英语，在这种情况下，如果想向文档中输入中文，则需要将英文输入法切换为中文输入法。单击位于 Windows 操作系统下方任务栏中的【输入法指示器】按钮，在弹出的快捷键菜单中，列出了系统中已安装的输入法，如图 3-12 所示。

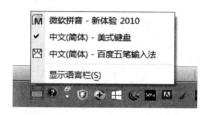

图 3-12　选择输入法

按下【Ctrl+空格键】组合键可以在中/英文输入法间切换；按下【Ctrl+Shift】组合键可以在各种汉字输入法之间进行切换。转换为中文输入法后，即可在文档中输入中文。

3.3.2　快速输入日期和时间

在文档中可以插入固定的日期或时间，也可以用数据域插入当前使用的日期和时间，以便获取诸如总的编辑时间、文档创建日期、最后打开日期或者保存日期等信息。

(1) 打开文档，然后单击【插入】选项卡的【文本】组中的【日期和时间】按钮，如图 3-13 所示。

(2) 在弹出的【日期和时间】对话框中，选中第一种日期和时间的格式，如图 3-14 所示，然后选中【自动更新】复选框，这样插入文档的日期和时间就会自动更新；如果该复选项未被选中，那么插入文档的日期和时间将始终显示为插入时的日期和时间。

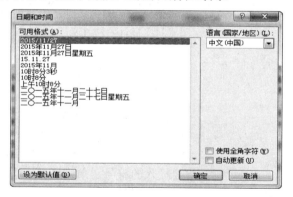

图 3-13　插入日期和时间　　　　　　　　图 3-14　选择日期和时间的格式

3.3.3　快速输入符号

编辑 Word 文档时会使用到符号，包括一些常用的符号和特殊的符号，如标点符号、单位符号和数字符号等。当在文档中输入符号时，对于比较常用的符号，如逗号、句号、顿号等，可以直接通过键盘输入。如果键盘上没有，则可通过选择符号的方式插入。

1. 插入符号

(1) 打开一个 Word 文档，选择【插入】选项卡的【符号】组中的【符号】按钮。如果插入过符号，则单击【符号】按钮后，会显示一些可以快速添加的符号。如果没有找到要添加的符号，可以单击【其他符号】按钮，弹出【符号】对话框，如图 3-15 所示。

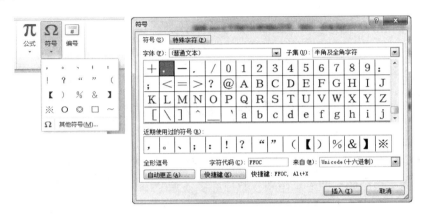

图 3-15 【符号】对话框

(2) 在【字体】下拉列表框中选择所需的字体，在【子集】下拉列表框中选择一个专用字符集。例如，在【字体】下拉列表框中选择【普通文本】选项，在【子集】下拉列表框中选择【箭头】选项，选择后的字符将全部显示在下方的字符列表框中，如图 3-16 所示。

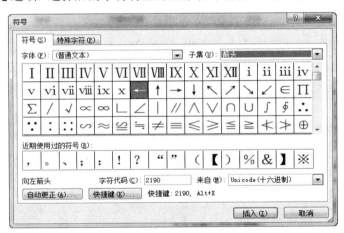

图 3-16 插入箭头子集

(3) 鼠标选中要插入的符号，单击【插入】按钮即可插入符号，也可以直接双击符号来插入。

2. 插入特殊符号

通常情况下，文档中除了包含一些汉字和标点符号外，为了美化版面还会包含一些特殊符号，如※、♀、♂等。

(1) 打开文档，把光标定位在一级标题前面，然后单击【插入】选项卡的【符号】组中的【符号】按钮，在弹出的下拉列表中选择【其他符号】选项，在弹出的【符号】对话框中选择【特殊符号】选项卡，如图 3-17 所示。

(2) 在【字符】列表框中选中需要插入的符号，单击【插入】按钮即可。从图中可以看到，系统还为某些特殊符号定义了快捷键，用户只需按下这些快捷键即可插入该符号。

图 3-17　插入特殊符号

3．插入数学公式

数学公式在编辑数学方面的文档时使用很广泛。如果直接输入公式，比较繁琐，既浪费时间又容易输错。在 Word 2010 中可以使用【公式】工具输入数学符号，快速便捷。

(1) 打开文档，单击【插入】选项卡的【符号】组中的【公式】按钮，弹出【公式】下拉列表，如图 3-18 所示。

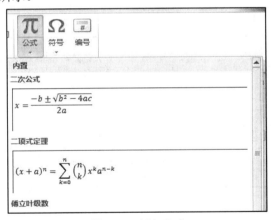

图 3-18　插入公式

(2) 拖动鼠标指针选择需要插入的公式，单击该公式即可将其插入到文档中。

(3) 插入公式后，窗口停留在【公式工具设计】选项卡下，工具栏中提供了一系列工具模板按钮。单击【公式工具设计】选项卡的【符号】组中的【其他】按钮，如图 3-19所示，在【基础数学】的下拉列表中可以选择更多的符号类型。

图 3-19　公式工具选项卡

3.3.4　文本选择

1. 使用鼠标选择文本

选择文本对象最常用的方法就是通过鼠标选取。采用这种方法可以选择文本中的任意文字，这是最基本和最灵活的选取文本的方法。下面介绍使用鼠标快速选择文本的操作步骤。

(1) 打开 Word 文档，移动光标到准备选择的文本的开始位置。这里以选择第一段文字为例，将光标放置到第一段文字的开始位置，如图 3-20 所示。

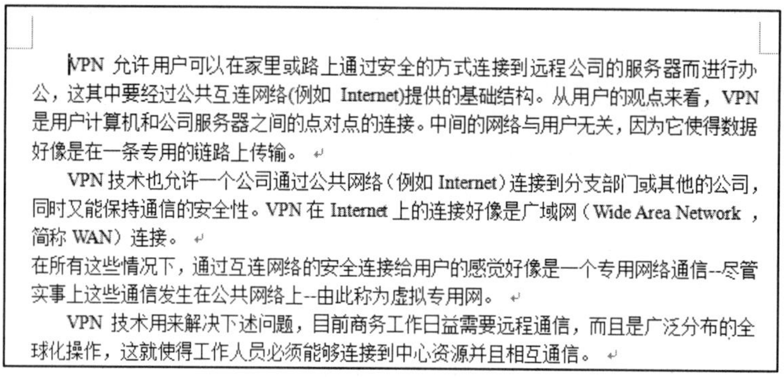

VPN 允许用户可以在家里或路上通过安全的方式连接到远程公司的服务器而进行办公，这其中要经过公共互连网络(例如 Internet)提供的基础结构。从用户的观点来看，VPN 是用户计算机和公司服务器之间的点对点的连接。中间的网络与用户无关，因为它使得数据好像是在一条专用的链路上传输。

VPN 技术也允许一个公司通过公共网络（例如 Internet）连接到分支部门或其他的公司，同时又能保持通信的安全性。VPN 在 Internet 上的连接好像是广域网（Wide Area Network，简称 WAN）连接。

在所有这些情况下，通过互连网络的安全连接给用户的感觉好像是一个专用网络通信--尽管实事上这些通信发生在公共网络上--由此称为虚拟专用网。

VPN 技术用来解决下述问题，目前商务工作日益需要远程通信，而且是广泛分布的全球化操作，这就使得工作人员必须能够连接到中心资源并且相互通信。

图 3-20　将光标放置在文档开始位置

(2) 单击鼠标并按住鼠标左键，拖曳到第一段文字的最后位置后，释放鼠标左键即可选中文本，如图 3-21 所示。

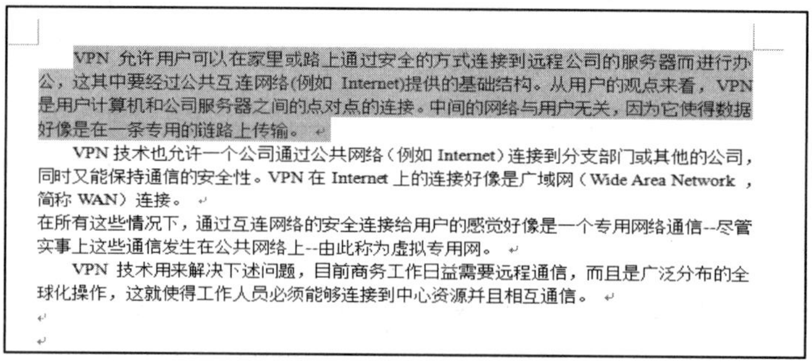

VPN 允许用户可以在家里或路上通过安全的方式连接到远程公司的服务器而进行办公，这其中要经过公共互连网络(例如 Internet)提供的基础结构。从用户的观点来看，VPN 是用户计算机和公司服务器之间的点对点的连接。中间的网络与用户无关，因为它使得数据好像是在一条专用的链路上传输。

VPN 技术也允许一个公司通过公共网络（例如 Internet）连接到分支部门或其他的公司，同时又能保持通信的安全性。VPN 在 Internet 上的连接好像是广域网（Wide Area Network，简称 WAN）连接。

在所有这些情况下，通过互连网络的安全连接给用户的感觉好像是一个专用网络通信--尽管实事上这些通信发生在公共网络上--由此称为虚拟专用网。

VPN 技术用来解决下述问题，目前商务工作日益需要远程通信，而且是广泛分布的全球化操作，这就使得工作人员必须能够连接到中心资源并且相互通信。

图 3-21　选中一段文字

(3) 如果要选择多段文字，从文档开始的位置，拖曳鼠标到最后位置，即可选中需要选择的文本。从结束位置拖曳鼠标到开始位置，也可以选中需要的文本。

(4) 如果想选中某个字符、词语或者词组，可以将鼠标指针移动到要选择的词或者词组的任何地方(可以是所选字符、词语或者词组的前面、中间或者后面)，然后双击即可选中它们。

(5) 如果要选择文档中某一行的文本，可先将鼠标指针移动到该行内容中，双击选中整句内容。单击 3 次可选中整段文本。

> 小提示：在 Word 文档中，默认的文本显示形式是白底黑字。当选中某些内容后，这部分内容的文本就会以高光的形式显示，即选中的文本会以黑底白字的形式显示。

2. 使用鼠标和键盘选择文本

(1) 打开 Word 文档，选中文章开头部分的文字或把鼠标指针放置到文章开头位置。

(2) 移动鼠标指针到文档最后位置，按住【Shift】键，单击文档最后的文字，即可选中整篇文档。

(3) 如果需要在文档中连续选择多个文字内容或是多段文本的话，需要在选择的时候按住【Ctrl】键进行操作。表 3-4 展示了通过键盘组合键来选择文本的方法。

表 3-4　组合键及其功能

组合键	功　能	组合键	功　能
Shift + ←	选择光标左边的一个字符	Ctrl + A	选择全部文档
Shift + →	选择光标右边的一个字符	Ctrl + Shift + ↑	选择光标至当前段落的开始位置
Shift + ↑	选择光标至光标上一行同一位置之间的所有字符	Ctrl + Shift + ↓	选择光标至当前段落的结束位置
Shift + ↓	选择光标至光标下一行同一位置之间的所有字符	Ctrl + Shift + Home	选择光标至文档的开始位置
Shift + Home	选择光标至当前文档的开始位置	Ctrl + Shift + End	选择光标至文档的结束位置
Shift + End	选择光标至当前文档的结束位置		

3.3.5　复制、剪切和粘贴

在编辑文档的过程中，如果发现某些句子、段落在文档中所处的位置不合适或者要多次重复出现，那么利用复制、剪切和粘贴功能就可以避免不必要的重复输入工作。

1. 快速复制、剪切和粘贴

在编辑文档的过程中，复制、剪切和粘贴的使用是非常频繁的。下面就介绍如何复制、剪切和粘贴文本。

(1) 打开 Word 文档后，选择需要复制的文字，按下【Ctrl + C】组合键可将选中的文本进行复制。

(2) 移动光标到需要粘贴的位置，按下【Ctrl + V】组合键可将复制的文本粘贴出来。

(3) 选中需要剪切的文字，按下【Ctrl + X】组合键，剪切被选中的文字，同样使用【Ctrl + V】组合键可将剪贴板中的文本粘贴出来。

(4) 在【开始】选项卡【剪贴板】组中的【粘贴】按钮下拉菜单中，有【保留源格式】按钮、【合并格式】按钮和【只保留文本】按钮，如果没有复制内容，那么【粘贴选项】命令中只有【保留源格式】按钮。用户也可以通过这个按钮来复制粘贴。

2. 使用剪贴板

Office 剪贴板的作用在于暂时存放需要粘贴或者剪切的内容，可以在编辑文档的过程中，把复制或者剪切了的文档储存在剪贴板中，多次粘贴。Word 中的剪贴板最多可以保存 24 项内容，当复制第 25 项内容时，原来的第 1 项复制内容将被清除出剪贴板。

　　用户可以通过剪贴板工具任意选择需要复制的内容。使用剪贴板复制和粘贴文本的具体步骤如下：

　　(1) 打开 Word 文档，然后单击【开始】选项卡【剪贴板】组中的【剪贴板】按钮，此时文档的左侧会出现剪贴板任务窗格，在剪贴板任务窗格中保存有以前复制或粘贴过的内容，如图 3-22 所示。

图 3-22　剪贴板

　　(2) 把鼠标移动到剪贴板任务窗格中需要复制的文字上，单击即可以完成粘贴操作。

3.3.6　查找、替换和撤消

1. 查找

　　查找功能可以帮助用户定位到目标位置以便快速找到想要的信息。查找分为查找和高级查找。

　　(1) 打开 Word 文档后，单击【开始】选项卡中的【编辑】区域下的【查找】按钮，在文档的左侧即弹出【导航】任务窗格，如图 3-23 所示。

图 3-23　查找命令及【导航】任务窗格

　　(2) 在【导航】任务窗格下方的文本框中输入要查找的内容。这里输入"VPN"，此时在文本框的下方会出现提示，并且在文档中查找到的内容都会被涂成黄色，如图 3-24 所示。

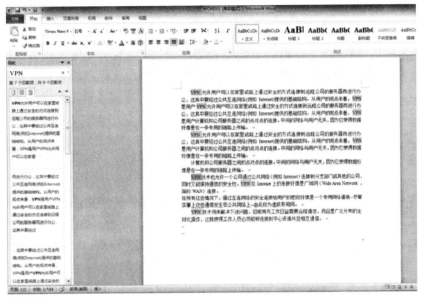

图 3-24　查找结果

(3) 单击任务窗格中的【下一条】按钮，定位到第 1 个匹配项。再次单击【下一条】按钮就可快速查找到下一条符合的匹配项。

2. 替换

替换功能可以帮助用户方便快捷地将查找到的文本更改或批量修改为相同的内容。

(1) 打开 Word 文档后，单击【开始】选项卡中的【编辑】区域中的【替换】按钮，弹出【查找和替换】对话框，如图 3-25 所示。

图 3-25　【查找和替换】对话框

(2) 在【替换】选项卡的【查找内容】文本框中输入需要被替换的内容(这里输入"VPN")，在【替换为】文本框中输入替换后的新内容(这里输入"虚拟专用网")，如图 3-26 所示。

图 3-26　查找和替换的内容

(3) 单击【查找下一处】按钮，定位到从当前光标所在位置起，第一个满足查找条件的文本位置，并以淡蓝色背景显示，单击【替换】按钮就可以将查找到的内容替换为新的内容。

(4) 如果用户需要将文档中所有相同的内容都替换掉，可以在输入完查找内容和替换为内容后，单击【全部替换】按钮，Word 就会自动将整个文档内所有查找到的内容替换为新的内容，并弹出相应的对话框显示完成替换的数量。单击【确定】按钮即可完成文本的替换。

3. 撤消

在编辑文档时难免会出现一些错误的操作，例如不小心删除、替换或者移动了某些文本内容。Word 2010 提供的"撤消"功能可以帮助用户纠正错误的操作，提高工作效率。

在 Word 2010 的【状态栏】左上角中有【撤消】按钮 ↶，如图 3-27 所示。

图 3-27　【撤消】按钮

使用【撤消】按钮，能够撤消之前做过的一步或者多步操作，使文档还原到操作之前的状态(可用撤消操作还原被误删除的文本)。每按一次【撤消】按钮，可以撤消前一步的操作；若要撤消连续的前几步操作，则可单击【撤消】按钮右边的倒三角按钮(可以使用【Ctrl + Z】组合键撤消操作)，在弹出的下拉列表中拖动鼠标选中要撤消的前几步操作，单击鼠标左键就可以实现选中操作的撤消。

3.4　文档的排版

文档的排版主要包括文本格式设置、段落设置、项目符号和编号的设置、分栏等。通过这些设置，可以使文字效果更加突出，文档更加美观。

3.4.1　设置文本格式

一个文档中的文本可由多种文字组成，字体通常又由字形、字号及起修饰作用的成分(如下划线、字母边框等)所构成。设置字体格式的方法有如下三种。

1. 利用【字体】对话框设置

首先选定文本，然后单击【开始】选项卡下的【字体】组中的倒三角按钮，弹出【字体】对话框，如图 3-28 所示。

通过对【字体】对话框中各选项的设置，可以指定显示文本的方式。设置效果会显示在【预览】框中。

在【字体】选项卡下，可以对已选定的文本设置中文字体、西文字体、字形、字号、下划线线型、下划线颜色、字体颜色、着重号，还可以为选定的文本设置显示效果，如删除线、上标、下标等。

图 3-28　【字体】对话框

在【高级】选项卡下的【字符间距】区和【Open Type 功能】区中进行相应的设置，如图 3-29 所示。

单击下方的【文字效果】按钮，在弹出【设置文本效果格式】对话框中，可以进行文字填充、文本边框、轮廓样式、阴影等设置，如图 3-30 所示。

图 3-29　字体设置的【高级】选项卡

图 3-30　设置文本效果格式

小提示：打开【字体】对话框也可通过单击右键在弹出的快捷菜单中选择【字体】选项来实现。

2. 利用快速工具栏设置

利用【开始】选项卡的【字体】组工具栏设置文本格式如图 3-31 所示。

图 3-31　【字体】组快捷工具栏

3. 利用【格式刷】按钮设置

利用【开始】选项卡的【剪贴板】组下的【格式刷】按钮，可以快速将指定段落或文本的格式延用到其他段落或文本上，避免重复操作，提高排版效率。操作步骤如下：

(1) 选择设置好格式的文本。

(2) 在功能区的【开始】选项卡下的【剪贴板】组中，单击【格式刷】按钮，这时指针变为画笔图标 ✔ 格式刷 。

(3) 将鼠标移至要改变格式的文本的开始位置，拖动鼠标完成设置。

> 小提示：【格式刷】使用一次后按钮会自动弹出，不能再继续使用，如果希望能够多次连续的使用，可双击【格式刷】按钮。

4. 设置中文字符特殊效果

中文字符特殊效果主要包括带圈字符和拼音指南。下面以【拼音指南】为例介绍特殊效果的设置方法。操作步骤如下：

(1) 选择要设置拼音指南的文本。

(2) 单击【开始】选项卡的【字体】组中的【拼音指南】按钮 变 ，弹出【拼音指南】对话框，如图 3-32 所示。

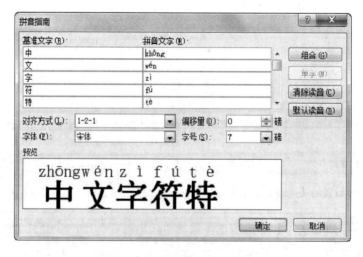

图 3-32　【拼音指南】对话框

(3) 此时【拼音指南】对话框中将自动出现【基准文字】和【拼音文字】列表，如果拼音有误可以修改。

(4) 通过【对齐方式】、【偏移量】、【字体】以及【字号】下拉式列表中的选项进行相应的设置。

3.4.2　段落的格式化

设置段落格式主要包括三个方面：一是段落的对齐方式，二是段落的缩进方式，三是段落的间距设置。可以利用【段落】对话框设置，也可用【段落】组的快速工具栏设置。

1. 利用【段落】对话框设置段落格式

选定要设置段落格式的内容，单击【开始】选项卡的【段落】组中的倒三角按钮，弹出【段落】对话框，如图 3-33 所示。

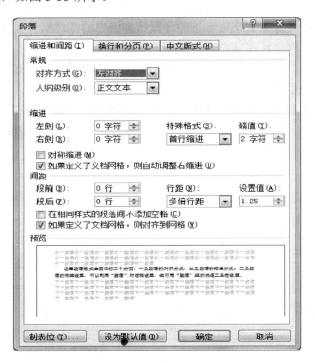

图 3-33　　【段落】对话框

对齐方式设置：在【缩进和间距】选项卡下的【常规】区域内可以进行【对齐方式】和【大纲级别】的设置。【对齐方式】包括左对齐、居中、右对齐、两端对齐和分散对齐。

段落的缩进设置：在【缩进和间距】选项卡下的【缩进】区域内可设置左侧、右侧缩进的字符数及特殊格式的设置。【特殊格式】设置包括段落的首行缩进和悬挂缩进。

段落的间距设置：在【缩进和间距】选项卡下的【间距】区域内可以设置段前、段后间距及行距。行距用于设置文本行之间的垂直距离。【行距】下拉式列表中包括【单倍行距】、【最小值】、【固定值】等选项，可根据需要选择相应行距类型。

预览：设置完毕后，在【预览】框中可以查看设置效果，单击【确定】按钮即可完成段落的设置。

2. 利用格式工具栏设置段落格式

使用格式对齐方式工具栏也可设置段落格式，如图 3-34 所示。

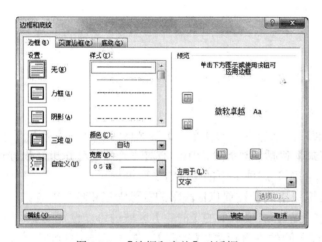

图 3-34　格式对齐方式工具栏

3.4.3　边框和底纹的设置

边框和底纹能增加对文档不同部分的兴趣、注意程度及观赏性。

可以把边框加到页面、文本、图形及图片中。可以为段落和文本添加底纹，可以为图形对象应用颜色或纹理填充。

边框和底纹的设置有以下两种方法：

一种方法：单击【开始】选项卡下的【段落】组中的【边框和底纹】按钮，弹出【边框和底纹】对话框，可在其中进行设置，如图 3-35 所示。

另一种方法：单击【边框和底纹】右侧的倒三角按钮，弹出如图 3-36 所示的下拉式列表，单击其中的【边框和底纹】选项，也可弹出相应的对话框。

【边框和底纹】对话框中包括【边框】、【页面边框】、【底纹】三个选项卡。

图 3-35　【边框和底纹】对话框　　　　　图 3-36　【边框和底纹】快捷菜单

1. 边框的设置

操作步骤如下：

(1) 选定文本内容，在【边框和底纹】对话框中选择【边框】选项卡。

(2) 在【设置】区选择所需的边框样式，如方框。

(3) 在【样式】列表中选择线型，在【颜色】下拉式列表中定义边框颜色，在【宽度】下拉式列表中定义边框宽度。

(4) 在【应用于】下拉式列表中选定【段落】或【文字】选项。

(5) 预览区会显示边框预览效果，单击【确定】按钮完成边框设置。

应用于段落的双线型边框添加边框效果对比图，如图 3-37 所示。

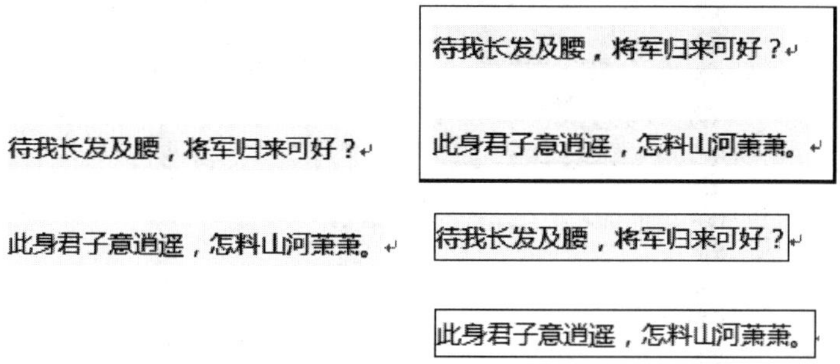

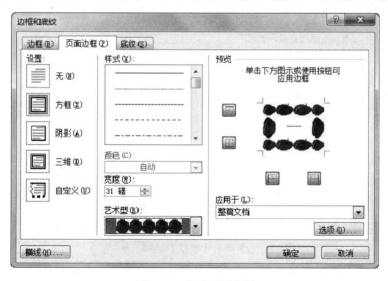

图 3-37　对文本设置边框

2. 页面边框的设置

在 Word 2010 中，不仅可以对文字添加边框，还可以对整个页面添加边框。操作步骤如下：

(1) 在【边框和底纹】对话框中，单击【页面边框】选项卡，如图 3-38 所示。

图 3-38　设置页面边框

(2) 利用与边框设置相同的方法设置页面边框的边框样式、线型、颜色和宽度。

(3) 在【艺术型】下拉式列表中选择艺术型边框，在【应用于】下拉式列表中选择【整篇文档】或【本节】等选项，单击【确定】按钮，效果如图 3-39 所示。

图 3-39 页面添加边框后的效果

3. 底纹的设置

操作步骤如下：

(1) 在【边框和底纹】对话框中单击【底纹】选项卡，如图 3-40 所示。

图 3-40 【底纹】选项卡

(2) 在【填充】区设置底纹颜色，在【图案】区的【样式】下拉式列表中设置图案样式，在【应用于】下拉式列表中选择【文字】或【段落】选项，单击【确定】按钮完成。

4. 边框和底纹的清除

在【边框和底纹】对话框中，在【边框】和【页面边框】选项卡的【设置】区中选择【无】按钮，单击【确定】按钮即可完成文本边框及页面边框的清除操作。

在【底纹】选项卡中选择【填充】下拉式列表中的【无颜色】选项，可清除颜色填充；选择【图案】下拉式列表中的【清除】选项，可清除图案填充，单击【确定】按钮完成。

5. 首字下沉效果的设置

首字下沉有两种效果：【下沉】和【悬挂】。其中，使用【下沉】效果时首字下沉后将和段落其他文字在一起。使用【悬挂】效果时首字下沉后将悬挂在段落或其他文字的左侧。

把光标放在要设置首字下沉的段落上，单击【插入】选项卡，在【文本】组中单击【首字下沉】按钮，弹出下拉菜单，如图 3-41 所示。

【无】：取消段落的首字下沉。

【下沉】：首字下沉后首字将和段落其他文字在一起。

【悬挂】：首字下沉后将悬挂在段落其他文字的左侧。

单击【首字下沉】选项，弹出【首字下沉】对话框，可以进行首字下沉的【位置】、【字体】、【下沉行数】、【距正文】等设置，如图 3-42 所示，单击【确定】按钮。

图 3-41 首字下沉选项

图 3-42 【首字下沉】对话框

3.4.4 项目符号和编号

在 Word 2010 文档中，适当采用项目符号和编号可使文档的内容层次分明、重点突出。创建项目符号和编号，可以在输入文档时自动创建，也可以先输入文档内容，再为其添加项目符号和编号。

1. 项目符号

在 Word 2010 中内置有多重项目符号，用户可以在 Word 2010 中选择合适的项目符号，也可以根据实际需要定义新项目符号，添加项目符号。操作步骤如下：

(1) 选中要添加项目符号的段落。

(2) 在【开始】选项卡的【段落】组中单击【项目符号】按钮，完成添加操作。也可以单击【项目符号】右侧的三角按钮，在展开的下拉式列表中选择所需要的项目符号样式，如图 3-43 所示。

2. 项目编号

添加项目编号的操作步骤如下：

图 3-43 定义项目符号

(1) 选中要添加项目编号的段落。

(2) 在【开始】选项卡的【段落】组中单击【编号】按钮，完成添加操作。也可以单击【编号】右侧的倒三角按钮，在展开的下拉式列表中选择所需的项目编号样式，如图 3-44 所示。

图 3-44 项目编号

3.4.5 样式

样式是多个预置的格式排版命令的集合，使用样式可以通过一次操作完成多种格式的设置，从而简化排版操作，节省排版时间。

1. 样式的使用

具体的操作步骤如下：

(1) 选定要设置样式的文本。

(2) 单击【开始】选项卡的【样式】组中的样式种类，也可以单击【样式】组的展开按钮，在弹出的【样式】下拉式列表中选择更多的样式，如图 3-45 所示。

2. 样式的创建

用户可以将常用的文字格式定义为样式，以方便使用，可以采用【新建样式】方法。操作步骤如下：

(1) 在【样式】下拉式列表中单击【新建样式】按钮，弹出【根据格式设置创建新样式】对话框，如图 3-46 所示。

(2) 在【属性】区域的【名称】文本框中输入新定义的样式名称，通过【样式类型】、【样式基准】和【后续段落样式】下拉式列表进行相应的设置。

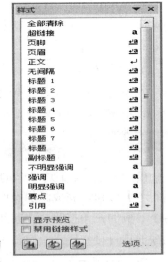

图 3-45 【样式】下拉列表

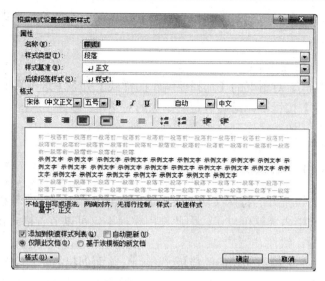

图 3-46 【根据格式设置创建新样式】对话框

(3) 在【格式】区域的【字体】、【字号】、【字体颜色】等下拉式列表中进行相应的格式设置。

(4) 还可以单击【格式】按钮进行更多格式的设置。也可以通过选择【添加到快速样式列表】复选框将创建的样式添加到快速样式列表中。

3. 样式的修改

在编辑文档时，已有的样式不一定能完全满足需求，需要在原有的样式基础上进行修改，使其符合要求。操作步骤如下：

(1) 单击【开始】选项卡下的【样式】组的展开按钮，在弹出的【样式】下拉式列表中单击【管理样式】按钮 ，弹出【管理样式】对话框，单击其中的【修改】按钮，弹出【修改样式】对话框，如图 3-47 所示。

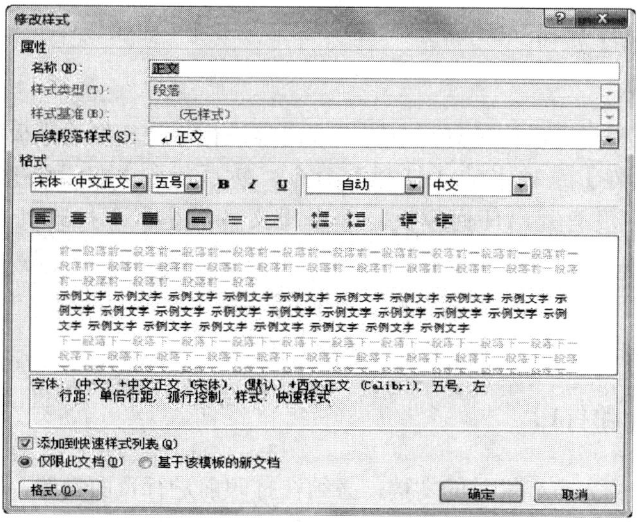

图 3-47 【修改样式】对话框

(2) 在【修改样式】对话框中进行相应的设置，设置方法可参照样式的创建。

4．删除样式

删除样式的操作步骤如下：

(1) 在【管理样式】对话框的【选择要编辑的样式】列表中选中要删除的样式。

(2) 单击【删除】按钮，弹出确认是否删除的对话框。

(3) 单击【是】按钮，完成删除操作。

3.4.6　模板的使用

模板是一种预先设置好的特殊文档。使用模板创建文档时，由于模板内的格式都已确定，用户只需输入文档内容就可以了。因此使用模板不仅可以节省格式化编排的时间，还能够保持文档格式的一致性。

Word 2010 提供了多种不同功能的模板。实际上，前面创建的空白文档，也是 Word 2010 提供的一种称为【普通(Normal)】的模板。与其他模板不同的是，在这个模板中未预先定义任何格式。

1．模板的新建

在 Word 2010 中，可以根据原有模板创建新模板，也可以根据原有文档创建模板。新建模板的操作步骤如下：

(1) 打开 Word 2010 文档窗口，在当前文档中设计自定义模板所需要的元素，如文本、图片、样式等。

(2) 完成模板的设计后，在【快速访问工具栏】中单击【保存】按钮。在打开的【另存为】对话框中，在【保存位置】中选择【C:\Documents and Setting \ Administrator \ Application Data \ Microsoft \ Templates】文件夹。

(3) 单击【保存类型】右侧的倒三角按钮，并在下拉式列表中选择【Word 模板】选项。

(4) 在【文件名】文本框中输入模板名称。

(5) 单击【保存】按钮。

2．模板的修改

模板创建完成后，可以随时对其中的设置内容进行修改。修改模板的操作步骤如下：

(1) 单击【文件】选项卡的【打开】命令，然后找到并打开要修改的模板。如果【打开】对话框中没有列出任何模板，单击【文件类型】下拉式列表中的【Word 模板】选项。

(2) 更改模板中的文本和图形、样式、格式等设置。

(3) 单击【快速访问】工具栏中的【保存】按钮。

3.4.7　页面设置和打印

为了打印一份令人赏心悦目的文档，必须在打印前进行页面设置，以使文档的布局更加合理。同时为了突出文档的特征，有必要进行页眉和页脚的插入，而且在打印前可充分利用打印设置和打印预览等功能。

1. 分栏排版

所谓分栏，就是将 Word 2010 文档的全部页面或选中的内容设置为多栏。Word 2010 提供了多种分栏方法。创建分栏的操作步骤如下：

(1) 选中需要设置分栏的内容，如果不选中特定文本则为整篇文档或当前节设置分栏。

(2) 在【页面布局】选项卡的【页面设置】组中单击【分栏】按钮，在展开的【分栏】下拉式列表中选择所需的分栏类型，如一栏、两栏等，如图 3-48 所示。

图 3-48　页面布局选项卡中的分栏

图 3-49 所示的是文档利用【分栏】按钮建立两栏的效果图。

> 　　模板是一种预先设置好的特殊文档。使用模板创建文档时，由于模板内的格式都已确定，用户只需输入自己的信息就可以了。因此使用模板不仅可以节省格式化编排的时间，还能够保持文档格式的一致性。
>
> 　　Word 2010 提供了多种不同功能的模板。实际上，前面创建的空白文档，也是 Word 2010 提供的一种称为"普通（Normal）"的模板。与其他模板不同的是，在这个模板中未预先定义任何格式。

图 3-49　文档分栏后的效果

2. 分隔符的设置

分页符、分节符、换行符和分栏符统称为分隔符。分隔符与制表符、大纲符号、段落标记等称为编辑标记。分隔符始终在普通视图和页面视图中显示，若看不到编辑标记，可单击【常用】工具栏的【显示/隐藏编辑标记】按钮。插入分隔符的操作步骤如下：

(1) 将光标放在要分页的位置，单击鼠标，确定插入点位置。

(2) 在【页面布局】选项卡下的【页面设置】组中，单击【分隔符】按钮，弹出下拉式列表，如图 3-50 所示。

单击要使用的分节符类型。

选中【下一页】：插入一个分节符，并在下一页开始新节。

选中【连续】：插入一个分节符，新节从同一页开始。

选中【偶数页】：插入一个分节符，新节从偶数页开始。

选中【奇数页】：插入一个分节符，新节从奇数页开始。

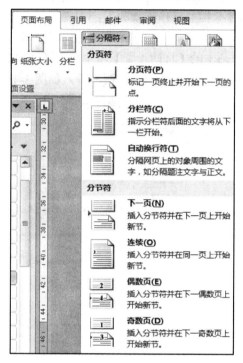

图 3-50　分隔符的下拉列表

删除分节符的操作步骤如下：

(1) 单击【草稿】视图，以便可以看到双虚线分节符。

(2) 选择要删除的分节符。

(4) 按 Delete 键。

3. 页眉和页脚

页眉和页脚分别位于文档页面的顶部和底部。在页眉和页脚中，可以插入页码、日期、图片、文档标题和文件名等。双击已有的页眉和页脚，可激活页眉和页脚。

1) 页眉和页脚的添加

操作步骤如下：

(1) 单击【插入】选项卡，在【页眉和页脚】组中单击【页眉】或【页脚】按钮。

(2) 在打开的【页眉】或【页脚】下拉式列表中，单击【编辑页眉】或【编辑页脚】按钮，自动进入【页眉】或【页脚】编辑区域，系统自动切换到了【页眉和页脚工具设计】选项卡，如图 3-51 所示。

图 3-51　【页眉和页脚工具设计】选项卡

(3) 在【页眉】或【页脚】编辑区域内输入文本内容，还可以在打开的【设计】选项卡中选择插入页码、日期和时间等内容。

(4) 单击【关闭页眉和页脚】按钮。

2) 奇偶页上不同页眉和页脚的添加

操作步骤如下：

(1) 双击页眉区域或页脚区域(靠近页面顶部或页面底部)，打开【页眉和页脚工具设计】选项卡。

(2) 在【页眉和页脚工具设计】选项卡的【选项】组中，选中【奇偶页不同】复选框，如图 3-52 所示。

(3) 在其中一个奇数页上，添加要在奇数页上显示的页眉、页脚或页码编号。

(4) 在其中一个偶数页上，添加要在偶数页上显示的页眉、页脚或页码编号。

图 3-52　设置奇偶页不同的页眉和页脚

4. 页面设置

页面设置主要包括页面大小、方向、页边距、边框效果以及页面版式等。合理地设置页面，将使整个文档编排清晰、美观。

1) 页边距设置

页边距用于设置页面四周的空白区大小，默认页边距符合标准文档的要求。通常插入的文字和图形在文档版心内，某些项目可以超出版心延伸到页面四周的空白区。调整文档的页边距的操作步骤如下：

(1) 打开文档，单击【页面布局】选项卡的【页面设置】组中【页边距】的倒三角按钮，在展开的下拉式列表中，选择一种页边距样式。也可以单击【自定义页边距】选项，弹出【页面设置】对话框，如图 3-53 所示。

图 3-53　【页面设置】对话框

(2) 在【页边距】选项卡下，可以对【页边距】、【纸张方向】和【页码范围】等进行设置，设置完毕后，单击【确定】按钮。

2) 纸张大小设置

操作步骤如下：

(1) 打开文档，单击【页面布局】选项卡的【页面设置】组中【纸张大小】的倒三角按钮，在展开的下拉式列表中选择一种纸张样式。也可以单击【其他页面大小】选项，弹出【页面设置】对话框，如图 3-54 所示。

(2) 在【纸张】选项卡下可以对【纸张大小】、【纸张来源】和【打印选项】等进行设置。

3) 文字方向设置

在文档排版时，有时需要对文字方向进行重新设置。操作步骤如下：

(1) 单击【页面布局】选项卡的【页面设置】组中【文字方向】的倒三角按钮，在展开的下拉式列表中选择所需要的文字方向或单击【文字方向选项】按钮，弹出【文字方向-主文档】对话框，如图 3-55 所示。

(2) 在打开的对话框中进行相应的文字方向的设置。

(3) 单击【确定】按钮。

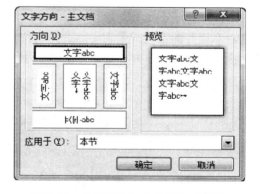

图 3-54　纸张的设置　　　　　　　　图 3-55　【文字方向-主文档】对话框

5. 页面背景

1) 页面颜色

具体的操作步骤如下：

(1) 打开需要添加背景的 Word 文档。

(2) 单击【页面布局】选项卡的【页面背景】组中【页面颜色】的倒三角按钮，展开下拉式列表。

(3) 在展开的【主题颜色】下拉式列表中，选择所需要的背景颜色。

(4) 单击【填充效果】选项，则弹出【填充效果】对话框，如图 3-56 所示，可以在其中将背景主题设置成渐变、纹理、图案或图片。

图 3-56　【填充效果】对话框

2) 图片水印

操作步骤如下：

(1) 单击【页面布局】选项卡的【页面背景】组中【水印】的倒三角按钮，在展开的下拉式列表中选择一种内置的水印效果，如图 3-57 所示。

(2) 水印通常使用文字作为背景，若想用图片作为水印背景，可选择【自定义水印】选项，弹出【水印】对话框。

(3) 在【水印】对话框中，可以设置图片水印或文字水印。

图 3-57　【水印】下拉列表

3.5　用图片装饰文档

3.5.1　插入图片

图片在文档中不仅仅起到修饰作用，它更应该为突出主题服务。要将图片插入文档中，可以使用 Word 2010 为广大用户提供的多种方式，例如常用的有插入电脑中的图片、插入 Office 中的剪贴画以及最新功能"屏幕截图"。本节将对这几种方式分别进行介绍。

1. 插入电脑中的图片

在 Word 2010 中用户可以将电脑中保存的图片插入到文档中，步骤如下：

(1) 打开一个 Word 文档，然后将光标定位至需要插入图片的位置。

(2) 切换至【插入】选项卡，单击【插图】组中的【图片】按钮，弹出【插入图片】对话框，如图 3-58 所示。

图 3-58　【插入图片】对话框

进入图片的保存位置后，选择其中一张图片，单击【插入】按钮，即可在光标处插入选择的图片。

> 小提示：除了使用上述方法外，还可以直接选择要插入的图片，按快捷键【Ctrl + C】将其复制，然后在 Word 文档中按快捷键【Ctrl + V】粘贴到文档中。

2. 插入剪贴画

剪贴画是 Office 2010 自带的一些图片，包括天文、地理、人文等方面，能满足用户一般的编辑需求。

插入剪贴画的操作步骤如下：

(1) 打开一篇 Word 文档，切换至【插入】选项卡。

(2) 单击【插图】组中的【剪贴画】按钮，如图 3-59 所示，此时在文档右侧显示【剪贴画】任务窗格。

(3) 在【搜索文字】文本框中输入"庆祝"，再单击【搜索】按钮，如图 3-60 所示。此时在【剪贴画】任务窗格中会显示根据关键字"庆祝"搜索到的图片。

图 3-59 插入【剪贴画】按钮　　　　　　图 3-60 【剪贴画】任务窗格

(4) 单击所需的图片，即可在文档中插入所选的剪贴画。

3. 插入屏幕截图

在 Word 2010 中，用户可以截取电脑屏幕上打开的图片，并会自动插入到当前文档中。下面介绍具体的操作步骤。

(1) 打开一个文档，切换至【插入】选项卡，单击【插图】组中的【屏幕截图】按钮，在展开的下拉式列表中单击【屏幕剪辑】选项，如图 3-61 所示。此时桌面上打开的图片显示为反白色，鼠标指针呈十字状。

图 3-61 屏幕截图

(2) 按住鼠标左键不放，拖动鼠标选取图片上需要的区域，此时所选区域呈现图片本色，释放鼠标，即可将所选的图片区域插入到文档中。

3.5.2　裁剪图片

在一张图片上如果只用到其中的一部分，就需要将多余的部分裁剪掉，让图片突出重点，并且节省更多的空间，方便其他对象排版。在 Word 2010 中用户可以按照比例裁剪图片，也可以将图片裁剪为不同的形状。

按比例裁剪图片分为三种，即方形、纵向、横向，每种有不同的比例供用户选择。下面介绍具体操作步骤。

(1) 打开一个 Word 文档，在该文档中插入一张图片，然后选择该图片，切换至【图片工具格式】选项卡。

(2) 在【大小】组中单击【裁剪】下方的倒三角按钮，在展开的下拉式列表中单击【纵横比】选项，如图 3-62 所示，选择【5∶3】，此时图片会被裁剪为 5∶3 的比例。

(3) 如果直接点击【裁剪】按钮，此时图片的四周会出现裁剪框，用户可以拖动裁剪框以调整裁剪区域，如图 3-63 所示，双击鼠标即完成裁剪。

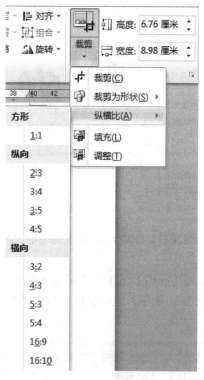

图 3-62　按比例裁剪图片

图 3-63　手动裁剪图片

3.5.3　根据需要调整图片

当用户插入图片后，可以根据需求进行调整，例如调整图片大小、调整图片颜色、更改图片、删除图片背景、旋转图片角度等。通过这些设置可以让图片更加符合文档的需求。

一般来说，刚插入的图片大小是不符合文档需求的，此时需要对图片大小进行调整，用户可以在【图片工具格式】选项卡的【大小】组中进行设置，如图 3-64 所示。

图 3-64　调整图片大小

3.5.4　调整图片颜色

在 Word 2010 中，用户可以在内置的【颜色】库中调整图片的色调，并可对图片重新着色，让图片以新的色彩出现，如图 3-65 所示。

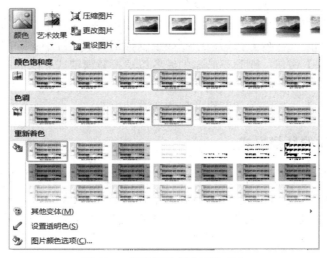

图 3-65　调整图片颜色下拉列表

3.5.5　更改图片

如果觉得当前插入的图片不是很适合文档内容，可以使用【更改图片】功能将当前图片替换为其他图片。

选择需要更改的图片，切换至【图片工具格式】选项卡，然后单击【更改图片】按钮，如图 3-66 所示。

图 3-66　【更改图片】按钮

在弹出的【插入图片】对话框中选择将要替换的图片，再单击【插入】按钮，即可完成图片的更改。

3.5.6　删除图片背景

有的图片本身很好看，但是背景很复杂，此时用户可以使用 Word 2010 中的 【删除背景】功能，消除图片上指定区域的背景，让图片更加符合需求。在【图片工具格式】选项卡中，单击【删除背景】按钮，会出现【背景消除】选项卡，如图 3-67 所示。

图 3-67　删除图片背景

- 【标记要保留的区域】按钮：绘制线条以标记要在图片中保留的区域。
- 【标记要删除的区域】按钮：绘制线条以标记要从图片中删除的区域。
- 【删除标记】按钮：删除已绘制的线条以更改要保留或删除的区域。
- 【放弃所有更改】按钮：关闭背景消除并放弃所有的更改。
- 【保留更改】按钮：关闭背景并保留所有的更改。

3.5.7　调整图片的环绕方式

将图片插入文档时，默认的环绕方式是【嵌入型】，图片左右两边不能有文字，调整位置也不方便，此时可以根据需要对环绕方式进行设置。在【图片工具格式】选项卡中，点击【排列】组中的【自动换行】按钮，在展开的下拉式列表中可以选择不同的环绕方式，如图 3-68 所示。

图 3-68　设置图片的环绕方式

3.5.8　旋转图片角度

插入的图片都是水平放置的，在进行图文混排时，为了让文档更加美观，有时需要旋转图片。选择文档中的图片，此时在图片四周会显示 8 个点，图片的顶部有一个绿色的控制点，按住鼠标左键选中正上方的绿点，拖动鼠标即可旋转图片，如图 3-69 所示。

图 3-69　图片的旋转控制点

3.5.9　文本框的使用

通过使用文本框，用户可以将文本很方便地放置到文档页面的指定位置，而不必受到段落格式、页面设置等因素的影响。Word 2010 内置有多种样式的文本框供用户选择使用。

1. 文本框的插入

操作步骤如下：

(1) 在【插入】功能区的【文本】组中，单击【文本框】命令。

(2) 在弹出的【内置】文本框面板中选择合适的文本框类型，如图 3-70 所示。

(3) 在插入的文本框的编辑区内输入内容。

图 3-70　插入文本框

2．文本框格式的设置

操作步骤如下：

(1) 单击文本框，移动鼠标到边框线上任意位置尺寸控制点，光标变为双箭头光标，按住鼠标左键拖动，即可改变文本框的尺寸。

(2) 单击选中文本框，在【格式】功能区中的【文本框样式】组中，可以直接调用内置的样式对文本框的外观进行美化，如图 3-71 所示。

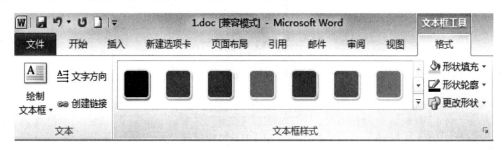

图 3-71　文本框的格式选项

(3) 在【文本】组中，可以重新绘制一个文本框，或是对现有的文本框的文字方向进行调整，也可以对文本创建超链接。

(4) 在【文本框样式】组中单击【形状填充】旁的倒三角按钮，在弹出的下拉式列表中可以设置文本框的填充颜色，在【形状轮廓】的下拉列表里可以对文本框的轮廓颜色进行设置，如图 3-72 所示。

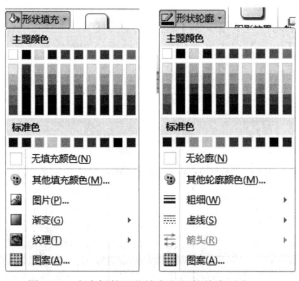

图 3-72　文本框的形状填充和形状轮廓列表

(5) 在填充颜色列表中，除了可以填充【主题颜色】外，还可以填充渐变色、纹理，或是将图片作为文本框的背景进行填充；在形状轮廓中除了颜色的选择，还可以设置轮廓线的粗细与样式。

(6) 在【更改形状】组中，可以将文本框的外观进行改变；在旁边的【阴影效果】和【三维效果】组中，还可以给文本框增加阴影效果和三维效果，如图 3-73 所示。

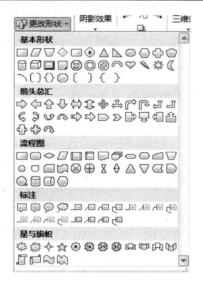

图 3-73　给文本框更改形状或增加特殊效果

3. 文本框的环绕方式

文本框的环绕方式与图片的环绕方式相同，此处不再赘述。

3.5.10　艺术字的使用

Office 中的艺术字(英文名称为 WordArt)结合了文本和图像的特点，能够使文本具有图形的某些属性，如设置旋转、三维、映像等效果。在 Word、Excel、PowerPoint 等 Office 组件中都可以使用艺术字功能。

1. 艺术字的插入

操作步骤如下：

(1) 将插入点移动到准备插入艺术字的位置。在【插入】功能区中，单击【文本】组中的【艺术字】倒三角按钮，在打开的艺术字预设样式列表中选择合适的艺术字，如图 3-74 所示。

图 3-74　插入艺术字

(2) 选择好艺术字样式后，会在文档中插入一个艺术字的文本框，在这个文本框中输入要制作的艺术字文本，如图 3-75 所示。

图 3-75　输入文本

2. 艺术字的修改

双击艺术字的文本框，在选项卡中会出现一个【绘图工具格式】选项卡，在这个选项卡里可以对艺术字的形状、形状样式、艺术字样式进行美化，如图 3-76 所示。在【艺术字样式】组中可以对文本填充、文本轮廓和文本效果进行设置，方法与文本框的设置方式相似。

图 3-76　【绘图工具格式】选项卡

3.5.11　绘制自选图形

Word 2010 中的自选图形是指用户自行绘制的线条和形状，还可以直接使用 Word 2010 提供的线条、箭头、流程图、星星等形状组合成更加复杂的形状。

1. 自选图形的绘制

操作步骤如下：

(1) 在【插入】功能区的【插图】组中，单击【形状】倒三角按钮，在打开的形状面板中单击需要绘制的形状，如图 3-77 所示。

(2) 将鼠标指针移动到文档的相应位置，按下左键拖动鼠标即可绘制相应图形。如果在释放鼠标左键以前按下 Shift 键，则可以成比例绘制形状；如果按住 Ctrl 键，则可以在两个相反方向同时改变形状大小。将图形大小调整至合适大小之后，释放鼠标左键完成自选图形的绘制。

2. 在自选图形中添加文字

单击选取绘制的自选图形，在该图形内右键单击，在弹出的快捷菜单中单击【添加文字】命令，将在自选图形中出现一个插入点，输入需要添加的文字即可。

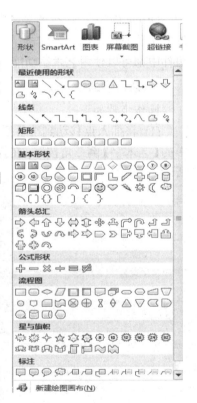

图 3-77　插入形状

3. 自选图形的自由旋转

单击选取需要旋转的自选图形，用鼠标指向图形中的绿色旋转控制点，鼠标指针变成一个旋转箭头的形状，按住鼠标左键并拖动，将以图形中央为中心进行旋转。

4. 多个图形的叠放次序

在 Word 2010 中插入或绘制多个对象时，用户可以设置对象的叠放次序，以决定哪个对象在上层，哪个对象在下层。可在【绘图工具格式】功能区的【排列】组中，对选择的图形进行相应的操作。

【上移一层】：可以将对象上移一层。

【置于顶层】：可以将对象置于最前面。

【浮于文字上方】：可以将对象置于文字的前面，挡住文字。

【下移一层】：可以将对象下移一层。

【置于底层】：可以将对象置于最后面，很可能会被前面的对象挡住。

【衬于文字下方】：可以将对象置于文字的后面。

还可以利用快捷菜单来进行设置，即右键单击已选中的文本，并选择【上移一层】或【下移一层】，然后再选择相应的子菜单，如图 3-78 所示。

图 3-78　右键快捷菜单

5. 多个图形的组合

可以将多个图形组合成一个图形，以便进行统一设置或编辑操作。组合时先按住 Shift 键，然后依次单击需要组合的图形，再单击右键，在弹出的快捷菜单中选择【组合】命令即可。

3.6　插　入　表　格

要在 Word 文档中制作表格数据，第一步需要做的是插入表格。在 Word 2010 中插入表格的方式有很多种，本节将介绍 4 种不同类型的插入方法，以满足广大用户的实际需求，其中包括使用创建表格的快捷工具、使用【插入表格】对话框、手动绘制表格以及将文本转换为表格。

3.6.1　快速插入表格

Word 2010 为用户提供了创建表格的快捷工具，通过它用户可以轻松方便地插入需要的表格。不过需要注意的是，该方法只适合插入 10 列 8 行以内的表格。

切换至【插入】选项卡，单击【表格】按钮，在展开的下拉列表中，选取需要插入的行数和列数，例如【5×4 表格】，此时在文档中就插入了一个 5 列 4 行的表格，如图 3-79 所示。

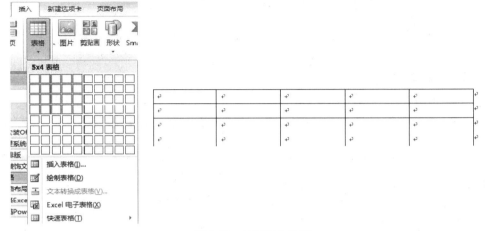

图 3-79　快速插入表格

3.6.2　通过对话框插入表格

通过【插入表格】对话框可以设置任意的行数和列数，同时也可以设置表格的自动调整方式，如图 3-80 所示。

图 3-80　【插入表格】对话框

3.6.3　将文本转换为表格

除了创建表格的方法外，用户还可以将现有的文本转换为表格，此种方法需要在对话框中设置【表格尺寸】、【"自动调整"操作】及【文字分隔位置】，如图 3-81 所示。

图 3-81　将文本转换成表格

3.6.4　调整表格布局

在 Word 中可以用不同的方式选择单元格，包括选择单个单元格、选择一行单元格、选择一列单元格以及选择不连续的多个单元格等。

1. 选择单个单元格

如果要选择一个单元格，只需将鼠标指针指向表格左侧表框，当指针变为箭头状时，单击即可将该单元格选中。

2. 选择一行或一列单元格

如果要选择一行单元格，首先将鼠标指针指向该行最左单元格的外侧，当指针呈箭头状时，单击即可将该行选中；如果要选择一列单元格，只需将鼠标指针指向该列最顶端的单元格上沿，当指针呈向下的箭头状时，单击即可将整列全部选中。

3. 选择不连续的多个单元格

首先按照前面的方法选择一个单元格，再按住【Ctrl】键不放，继续选择第 2 个单元格，照此方法，可以选择其他不连续的单元格，释放鼠标即可。

4. 调整单元格大小

对于新插入的表格，单元格大小难免会不适合自己的需求，此时可以对其进行调整。用户可以手动调整，也可以根据表格内容进行单元格的自动调整。

将鼠标指向单元格下方的边框，然后按住鼠标左键不放，向下拖动鼠标，即可以调整该单元格所在的行高；照此方法，如果鼠标指向的是单元格左右两侧的边框，拖动即可调整该单元格的宽度。

单击表格左上角的十字箭头按钮，则会将整个表格选中，然后切换至【表格工具布局】选项卡，在【单元格大小】组中单击【自动调整】按钮，在展开的下拉列表中单击【根据内容自动调整表格】选项，如图 3-82 所示。

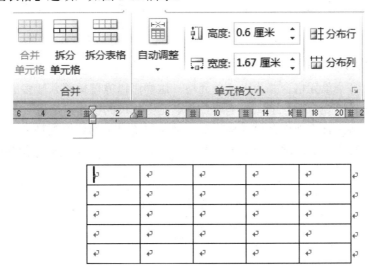

图 3-82　调整单元格的大小

5. 插入单元格

在编辑表格的过程中，根据需要可以在特定的位置插入空白的单元格，以方便对数据进行补充。插入单元格时，Word 2010 提供当前单元格下移或单元格右移两种情况，用户可以在【表格工具布局】选项卡的【行和列】组中，点击相应的按钮，插入行或列。也可点击右下角的按钮 ，在弹出的【插入单元格】对话框中进行选择，如图 3-83 所示。

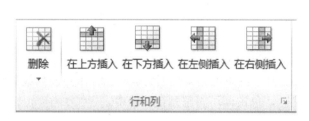 

图 3-83　插入单元格

6. 删除单元格

如果不需要某个单元格，可以将其删除。Word 2010 提供了四种情况供大家选择，位于【表格工具布局】选项卡的【行和列】组中最左侧【删除】按钮的下拉式列表中，如图 3-84 所示。

图 3-84　删除单元格下拉菜单

7. 合并或拆分单元格

用户可以将多个单元格合并为一个单元格，这样可以方便地输入较多的文本或数据，以满足不同的编辑需要。拆分单元格是与合并单元格相反的操作，是将一个大的单元格拆分为多个小单元格。合理地拆分单元格有利于细化需要显示的数据项目。

在【表格工具布局】选项卡的【合并】组中，就有合并、拆分单元格的按钮，操作非常方便，如图 3-85 所示。

图 3-85　合并或拆分单元格

8. 设置单元格内文字的对齐

通过设置单元格内文字的对齐方式，可以更改文本在单元格中的显示位置，使数据显示得更加直观。在默认情况下，表格中的文字方向为水平，用户可以根据实际需求更改文字方向。用户可以在【对齐方式】组中进行设置，如图 3-86 所示。

图 3-86　设置单元格内文本的对齐方式

3.7　实训项目：协会纳新海报

◇ **文档新建与录入**

(1) 启动 Word 2010，此时会新建一个默认的文档。

(2) 切换到【页面布局】选项卡，点击【页面设置】组右下角的按钮，弹出【页面设置】对话框。

(3) 在【页边距】选项中，设置【上】和【下】的边距为【2 厘米】，【左】和【右】的边距为【2.5 厘米】，然后将【应用于】设置为【整篇文档】，如图 3-87 所示。

图 3-87　设置页边距

(4) 页面设置完毕后，录入如图 3-88 所示的文本内容。

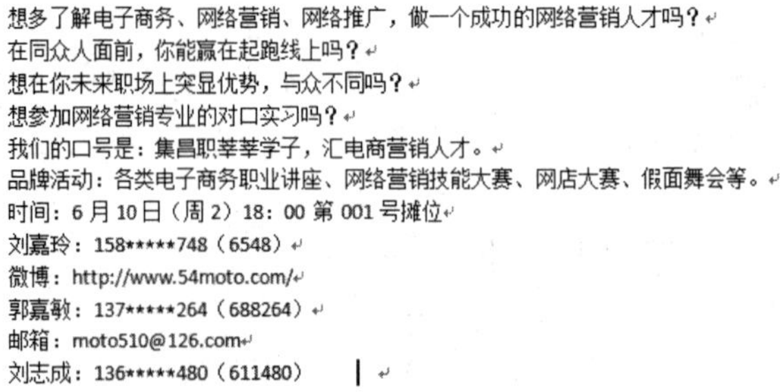

想多了解电子商务、网络营销、网络推广，做一个成功的网络营销人才吗？↵
在同众人面前，你能赢在起跑线上吗？↵
想在你未来职场上突显优势，与众不同吗？↵
想参加网络营销专业的对口实习吗？↵
我们的口号是：集昌职莘莘学子，汇电商营销人才。↵
品牌活动：各类电子商务职业讲座、网络营销技能大赛、网店大赛、假面舞会等。↵
时间：6 月 10 日（周 2）18：00 第 001 号摊位↵
刘嘉玲：158*****748（6548）↵
微博：http://www.54moto.com/↵
郭嘉敏：137*****264（688264）↵
邮箱：moto510@126.com↵
刘志成：136*****480（611480）　　｜↵

图 3-88　录入文本内容

◇ **格式化文本**

(5) 按下【Ctrl＋A】组合键，选择全部的文本内容，然后在【开始】选项卡中的【字体】组中设置字体为【微软雅黑】，大小设置为【小四】，如图 3-89 所示。

图 3-89　设置字体及大小

(6) 将录入文本的第 1 至第 4 段文本选中，然后在【开始】选项卡的【段落】组中点击【项目符号】按钮，给这 4 段文本加上如图 3-90 所示的项目符号。

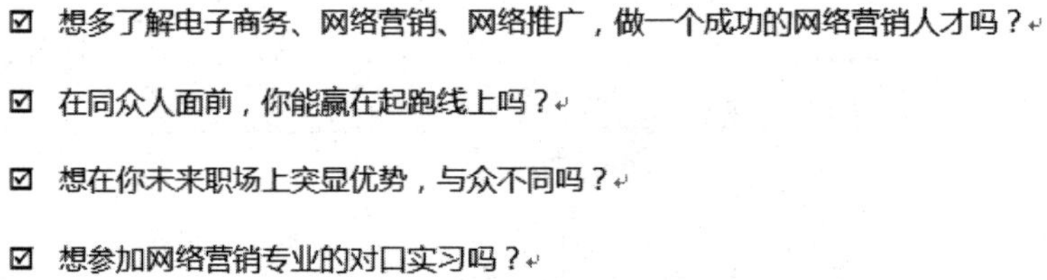

☑ 想多了解电子商务、网络营销、网络推广，做一个成功的网络营销人才吗？↵

☑ 在同众人面前，你能赢在起跑线上吗？↵

☑ 想在你未来职场上突显优势，与众不同吗？↵

☑ 想参加网络营销专业的对口实习吗？↵

图 3-90　给文本添加项目符号

(7) 将第 5 段文本"集昌职莘莘学子，汇电商营销人才。"的字体大小设置为【三号】、【加粗】，并设置下划线为【双实线】，效果如图 3-91 所示。

图 3-91　设置文本格式

(8) 将"品牌活动"这段文本的【字号】设置为【小二】，并在【段落】组中设置【增加段前间距】，效果如图 3-92 所示。

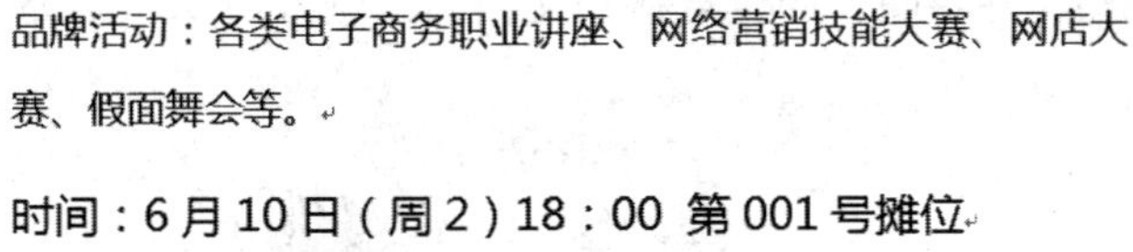

品牌活动：各类电子商务职业讲座、网络营销技能大赛、网店大赛、假面舞会等。

时间：6 月 10 日（周 2）18：00 第 001 号摊位

图 3-92　设置字号及段落

◇ **美化文档**

(9) 在【插入】选项卡的【文本】组中点击【艺术字】，在弹出的菜单中选择一个艺术字效果，在弹出的对话框中输入文本内容"电子商务协会，招生了！"，字体设置为【微软雅黑】，确定后会在文档中插入一个艺术字效果，如图 3-93 所示。

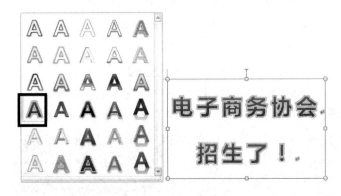

图 3-93　插入艺术字

(10) 修改一下艺术字的文本效果，增加一个【棱台】效果，然后在【三维旋转】中增加一个【透视效果】，如图 3-94 所示。

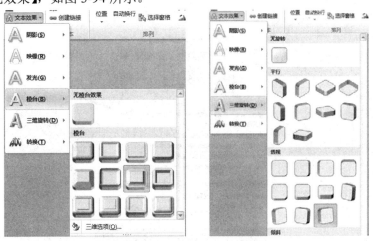

图 3-94　设置艺术字的文本效果

(11) 将艺术字的大小设置为【80】，然后设置艺术字的环绕方式为【紧密型环绕】，放置到文档的上方。

(12) 在【插入】选项卡的【插图】组中点击【剪贴画】，在右侧的窗格中输入【庆祝】

关键字，在搜索到的图像中选择一张图片插入到文档中，然后选择图片，将图片的旋转角度进行一些轻微的调整，然后在【图片工具格式】选项下的【排列】组中设置图片的环绕方式为【紧密型环绕】，并将图片的位置移到文档的右侧方，如图 3-95 所示。

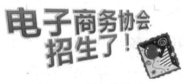

图 3-95　插入剪贴画

(13) 在文档的下方插入一个【简单文本框】，将联系方式的文本内容复制到文本框中，如图 3-96 所示。

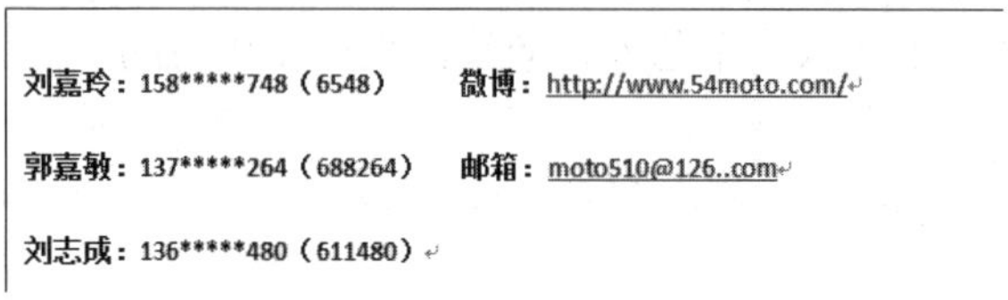

刘嘉玲：158*****748（6548）	微博：http://www.54moto.com/
郭嘉敏：137*****264（688264）	邮箱：moto510@126..com
刘志成：136*****480（611480）	

图 3-96　插入文本框

(14) 在【绘图工具格式】选项卡的【文本框样式】列表中选择一个自己喜欢的文本框样式，然后在【开始】选项卡中将文本的颜色设置为【白色】，效果如图 3-97 所示。

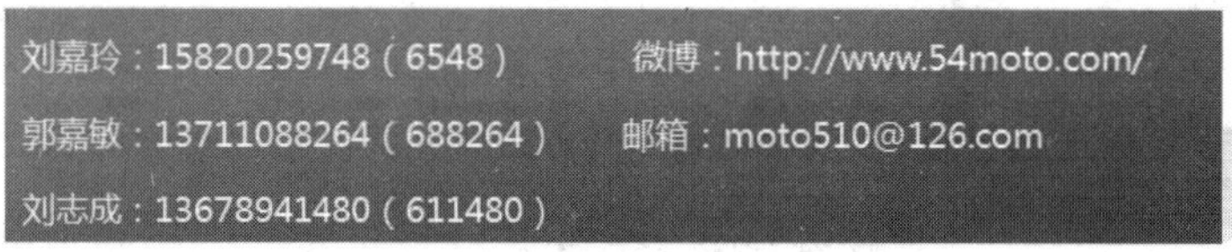

刘嘉玲：15820259748（6548）	微博：http://www.54moto.com/
郭嘉敏：13711088264（688264）	邮箱：moto510@126.com
刘志成：13678941480（611480）	

图 3-97　设置文本框外观

(15) 完成以上设置，最终的效果如图 3-98 所示。

图 3-98　最终效果图

第 4 章　电子表格 Excel 2010

Excel 2010 是 Microsoft 公司推出的办公软件组 Office 2010 中的一个重要成员，是当今最流行的电子表格综合处理软件，具有强大的表格处理功能，主要用于制作各种表格、进行数据处理、表格修饰、创建图表、进行数据统计和分析等。Excel 解决了利用文字无法对数据进行清楚的描述等问题，可以缩短处理时间、保证数据处理的准确性和精确性，还可以对数据进行进一步分析和再利用。

◇　**本章知识点**

掌握编辑单元格的方法、设置单元格格式的方法、创建及使用工作表和工作簿的方法。

掌握编辑公式的方法、在编辑公式中引用单元格和函数的方法。

能够对数据清单进行分析，正确地创建图表，并能根据需要对图表进行各种修改、调整、编辑，做出有使用价值的图表，能够直观地反映数据。

掌握简单的数据管理方法，例如对数据的排序、数据筛选和分类汇总等操作。

4.1　Excel 2010 基础操作

4.1.1　工作簿、工作表与单元格的概念和关系

在 Excel 2010 中，单元格是最基本的数据存储单元，也是构成工作表的最小单元。

工作表由一系列单元格组成，横向为行，纵向为列。Excel 2010 允许每个工作表的最大行数是 1 048 576 行，行号为 1~1 048 576，最大的列数是 16 384 列，列名为 A~XFD。

一个 Excel 2010 文件就是一个工作簿，工作簿可以由多个工作表组成，默认一个工作簿有三个工作表。

4.1.2　工作簿的打开与保存

1. 工作簿的建立

每次启动 Excel 2010 时，系统将自动创建一个以"工作簿 1.xlsx"为默认文件名的新工作簿。

新工作簿是基于默认模板创建的，创建的这个新工作簿即为空白工作簿，是创建电子表格的第一步。在前面的章节中，已介绍过在 Office 2010 中创建文档的方法，这里介绍一下如何利用模板创建工作簿。

　　Excel 2010 已建立了众多类型的内置模板工作簿，用户可通过这些模板快速建立与之类似的工作簿。

　　在【新建】菜单的【可用模板】下，单击【样本模板】按钮，弹出【模板】页面，选择所需工作簿类型的模板，如图 4-1 所示，系统会在右侧显示所选模板的预览效果，单击【创建】按钮完成创建工作。图 4-2 所示为选择【个人月度预算】模板的最终效果。

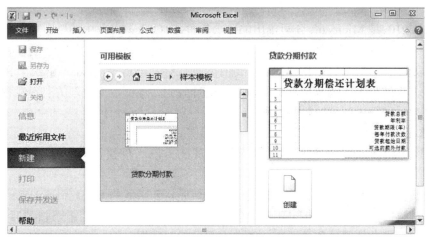

图 4-1　使用模板创建工作簿

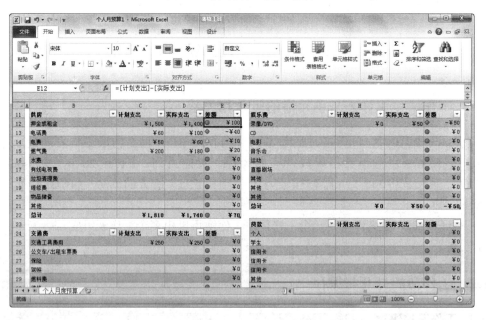

图 4-2　【个人月度预算】模板的最终效果

　　经常使用的工作簿，可以将其做成模板，日后要建立类似工作簿时就可以用模板来建立，而不必每次都重复相同的工作。

　　模板的建立方法与工作表的建立方法相似，唯一不同的是文件的保存方法不同。将一个工作簿保存为模板的步骤如下：

(1) 单击【文件】选项卡下的【另存为】命令，弹出【另存为】对话框，如图 4-3 所示。

图 4-3　保存自己的模板

(2) 在【保存类型】下拉式列表中选择【Excel 模板(*.xltx)】，在【保存位置】下拉式列表中自动出现【Templates】文件夹用于存放模板文件。

(3) 在【文件名】下拉式列表中自定义一个模板名称，单击【保存】按钮，原工作簿文件将以模板格式保存，文件的扩展名为【xltx】。

(4) 模板创建完成后，系统将其自动添加到【可用模板】下的【我的模板】中，如图 4-4 所示。

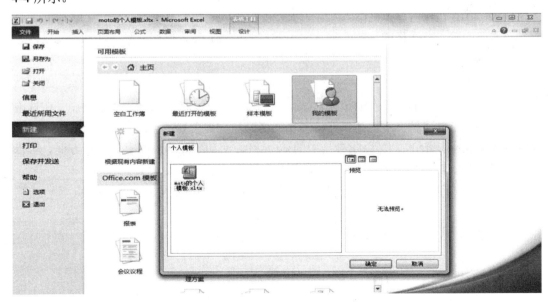

图 4-4　自己创建的模板在新建列表中

2. 工作簿的打开

打开工作簿的方法与打开 Word 文档相似. 单击【文件】→【打开】命令，弹出 【打开】对话框。单击【查找范围】右侧的下拉式列表选择文件位置，选择需要打开的工作簿，单击【打开】按钮即可打开该文件。

3. 工作簿的保存

在进行 Excel 2010 电子表格处理时. 随时保存是非常重要的工作习惯，保存方法与Word 相同，此处不再赘述。

4.1.3 单元格的编辑和管理

图 4-5 所示是一个基本的 Excel 表，接下来以此表为例，介绍工作表中数据的编辑、工作表的编辑及管理以及工作簿窗口的管理。

学号	姓名	性别	籍贯	政治面貌	出生日期
			学生基本信息表		
					班级：13级图形图像
001	陈林	男	湖北	群众	1991年1月15日
002	张方	男	广东	党员	1990年12月5日
003	李小栋	女	江西	团员	1992年2月25日
004	马思思	女	湖北	团员	1991年7月6日
005	方明华	男	贵州	党员	1991年10月5日
006	赵又恩	男	广东	团员	1900年1月1日
007	孙小萌	女	湖北	群众	1991年8月5日
008	胡菲菲	女	河南	团员	1991年4月5日
009	谷月	女	北京	党员	1991年3月29日
010	周小小	女	大连	党员	1991年6月12日
011	钱幼多	男	广东	团员	1991年9月9日
012	刘明达	男	湖北	党员	1991年2月20日
013	杜小月	女	北京	群众	1991年3月13日
014	武磊磊	男	湖北	团员	1992年2月15日

图 4-5　学生基本信息表

Excel 2010 允许向单元格中输入各种类型的数据，包括文字、数字、日期、时间、公式和函数等。输入单元格的这些数据称为单元格的内容。输入操作总是在活动单元格内进行的，所以首先应该选择单元格，然后输入数据。

1. 单元格的选取

单元格是最基本的数据存储单元，制作表格首先需要将数据输入到单元格中。在选取单元格之前，首先了解一下活动单元格和单元格区域的概念。

活动单元格是指正在使用的(被选中的)单元格，活动单元格周围有一个粗方框。可以在活动单元格中输入数据。如图 4-6 所示为选中的活动单元格【C7】。

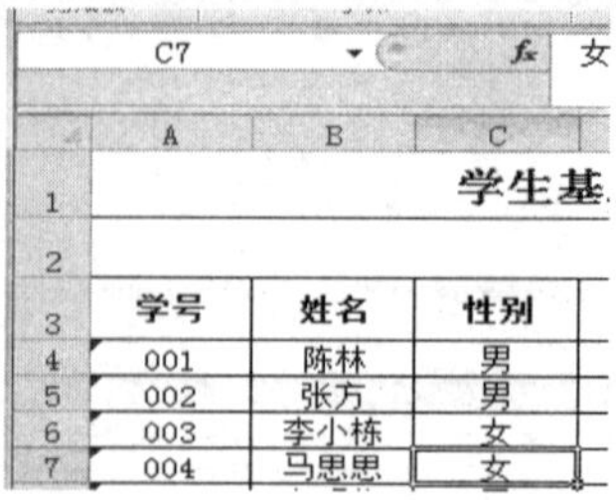

学号	姓名	性别
		学生基
001	陈林	男
002	张方	男
003	李小栋	女
004	马思思	女

图 4-6　选中的活动单元格

　　单元格区域是指由多个单元格组成的区域，它的表示方法由单元格区域左上角的单元格名称和右下角的单元格名称组成。例如单元格区域【B2：D6】表示处于单元格【B2】右下方和单元格【D6】左上方的一块区域。单元格区域也可以是由不相邻的单元格组成的区域。

　　1) 选定单元格

　　要选定一个单元格，可用鼠标单击相应的单元格，或按键盘上的方向键移动到相应的单元格中。被选中的单元格会突出显示。

　　2) 选定单元格区域

　　选定某个连续的单元格区域，如要选中【B3:D8】，首先单击单元格区域的第一个单元格【B3】，然后按住鼠标左键不放拖动到要选定区域的最后一个单元格【D8】上，或按住【Shift】键的同时单击要选定区域的最后一个单元格，选中的单元格区域呈高亮显示。

　　如果要选择不相邻的单元格区域，先选定第一个单元格或单元格区域，然后按住【Ctrl】键，同时单击要选择的单元格或拖动鼠标选定其他单元格区域。

　　单击工作表左上角行列相交的空白按钮或按快捷键【Ctrl＋A】可以选中整张工作表中的所有单元格。

　　2. 单元格数据的输入

　　向表格中输入数据是 Excel 中最基本的操作，Excel 2010 为用户提供了多种数据输入的方法，其中输入的原始数据包括数值、文本和公式，数值包括日期、货币、分数、百分比等。它们的输入方法类似，大致有两种：一是直接在单元格中输入数据；二是在编辑栏中输入数据。

　　1) 在单元格中输入数据

　　选中一个单元格，然后直接输入数据，再按【Enter】键，将确认输入并默认切换到下方单元格；也可双击单元格，当单元格中出现闪烁的光标时输入数据，然后按【Enter】键，这时编辑栏中也会出现相应的数据。

　　2) 在编辑栏中输入数据

　　选中单元格，再用鼠标单击编辑栏，当其中出现闪烁的光标时输入需要的数据，然后按【Enter】键或单击编辑栏左侧的【√】按钮，这时单元格中也出现相应的数据。

　　3) 日期与时间的输入

　　在工作表中可以输入各种格式的日期和时间。在【设置单元格格式】对话框中可以设置同期和时间，若要设置如图 4-5 所示案例的出生日期列的日期格式，只需单击目标单元格，在【开始】选项卡下单击【数字】组的展开按钮，弹出【设置单元格格式】对话框，如图 4-7 所示。选择【数字】选项卡下【分类】列表框中的【日期】选项，在右侧【类型】列表框中选择需要的日期样式。

　　本例中选择【2001 年 3 月 14 日】，单击【确定】按钮完成。如需要在目标单元格中显示出生日期为【1991 年 8 月 17 日】，则在目标单元格中直接输入"1991-8-17"或"1991/8/17"即可，此单元格会自动显示所设置的日期样式。时间的设置同日期方法类似，选择【分类】列表框中的【时间】选项，在类型中选择所需时间样式即可。

图 4-7　【设置单元格格式】对话框

4）特殊数据的输入

在学生基本信息表中的学号列要填入"001"，正常输入会自动变为"1"，前面的 0 会自动的清除，这时可以在前面加一个英文单引号，如"'001"，再按【Enter】键，结果就会成为"001"。

如果需要输入分数，必须在分数前加空格，否则 Excel 会将其看作是一个日期。例如，需要显示分数"3/4"，则应该输入" 3/4"，否则 Excel 会默认转换成日期"3 月 4 日"。

如果需要输入负数，只需直接在数字前面加一个减号"-"即可。

5）文本自动换行

如果需要输入较长的文本内容，如在【A1】单元格中输入"学生基本信息表"，可以看到该单元格中的文本已经显示到了【B1】单元格中的位置。如果需要较长文本在一个单元格中显示，则可以设置单元格格式为自动换行。选择目标单元格，然后在【开始】选项卡下【对齐方式】组中单击【自动换行】按钮，此时会发现，设置自动换行后，单元格中的内容没有超出单元格的列宽，而是在单元格的边框处自动换至第 2 行，如图 4-8 所示。

也可以通过缩小字体填充方式使文本缩小到在一个单元格中显示且不占用两行。

图 4-8 单元格自动换行

6) 序列填充数据

利用序列填充数据功能可以将一些有规律的数据或公式方便快速地填充到需要的单元格中，从而减少重复操作，提高工作效率。

首先在【A1】单元格中输入"星期一"，若要将"星期二"至"星期日"填充在【B1】至【G1】单元格中，则选择【A1】单元格并将指针移至该单元格右下角，当指针变成十字形状时，按住鼠标左键不放向右拖动，拖动至【G1】单元格松开，则【B1】至【G1】单元格区域自动填充为【星期二】至【星期日】，如图 4-9 所示。

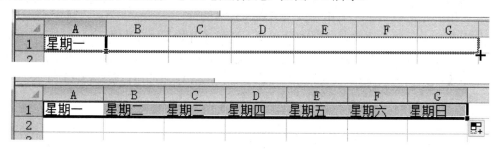

图 4-9 单元格的自动填充

若想填充相同数据，如填充内容均为【星期一】，则松开鼠标前按住【Ctrl】键即可。

在序列数据填充完成后的最后一个单元格右下角会自动显示【自动填充选项】按钮，鼠标单击此按钮会弹出向下菜单，显示填充形式，根据需要选择填充形式，如图 4-10 所示。

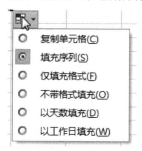

图 4-10 填充形式下拉菜单

3. 单元格格式的设置

当用户需要对输入的数据进行字体格式设置时，只需选中单元格，选择【开始】选项卡，在【字体】组中选取设置字体格式的各种功能选项，如【字体】、【字号】、【字形】、【加粗】、【斜体】、【下划线】、【文字颜色】、【单元格背景颜色】等，其操作方法和 Word 一致，如图 4-11 所示。

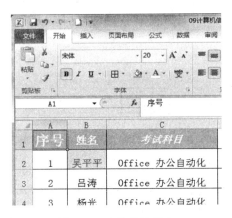

图 4-11　字体设置操作

4. 设置单元格边框和底纹

通常情况下，Excel 2010 中各个单元格的四周都是没有边框线的，用户在窗口中看到的是虚拟网格线。用户可以为单元格添加边框与底纹，以提升单元格的显示效果，突出显示工作表中的重点内容，使工作表更加美观和容易阅读。

使用选项卡中的按钮设置，选中单元格，选择【开始】选项卡，在【字体】组中单击【边框】下拉按钮，在弹出的列表中选择所需边框的样式即可，如图 4-12 所示；而底纹设置则单击【填充颜色】按钮，在弹出的列表中选择所需颜色即可，如图 4-13 所示。

图 4-12　边框操作

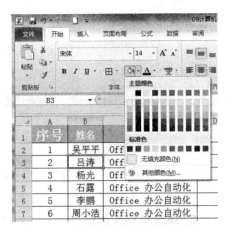

图 4-13　颜色填充操作

5. 套用单元格样式

在 Excel 2010 中，若需要快速设置出非常漂亮的单元格显示效果，还可以套用 Excel 默认设置的一些单元格样式，其操作方法是：选中所需设置的单元格，选择【开始】选项卡中【样式】组中的【单元格样式】功能，从提供的样式中选择所需的效果，如图 4-14 所示。

图 4-14　单元格样式操作

除了单元格样式可以套用，表格也有内置的样式可以直接套用，方法与单元格样式的套用相同，此处不再赘述。

6. 单元格内容的修改和清除

1) 单元格内容的修改

若要改动单元格部分内容，只需双击待修改的单元格，然后直接对其内容做相应修改；或在编辑栏处修改，按【Enter】键确认所作改动；如果按下【Esc】键，则取消所作改动。

若要将单元格内容完全修改，只需单击待修改的单元格，输入新内容，按下【Enter】键，即可用新数据代替旧数据。

2) 单元格内容的清除

输入数据时，不但输入了数据本身，还输入了数据的格式及批注等。直接按【Delete】键清除单元格中的内容，单元格中的数据格式依然存在。因此，要根据具体情况来确定所要清除内容。可以选中单元格，在【开始】选项卡下单击【编辑】组中的【清除】按钮的向下箭头，弹出【清除】级联菜单，如图 4-15 所示，根据需要选择清除的内容。

图 4-15　【清除】级联菜单

7. 单元格的插入、移动、复制和删除

除了对单元格数据进行增删外，还可以对这些数据进行移动、复制等基本操作以及对单元格进行增、删、移动等操作。

1) 单元格的插入

在【开始】标签的【单元格】组中，设有【插入】按钮，点击这个按钮，会弹出 4 个命令菜单，如图 4-16 所示，选择相应的命令，就可以插入单元格。

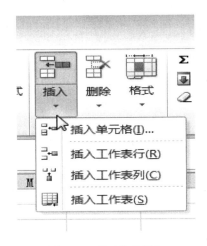

图 4-16　单元格的插入

2) 单元格的移动和复制

移动和复制单元格与剪切和复制 Word 数据的操作步骤类似，可以用快捷键或鼠标拖动实现，也可选中单元格区域，将鼠标放在区域边界框，当指针成十字箭头时拖动完成移动操作，按住【Ctrl】键拖动完成复制操作。

3) 单元格的删除

选中要删除的单元格或单元格区域，单击鼠标右键，在弹出的快捷菜单中选择【删除】命令，弹出如图 4-17 所示的对话框。如要将选定的单元格删除，则选中【右侧单元格左移】或【下方单元格上移】命令；如果要删除整行或整列，则选择相应的命令即可。

图 4-17　单元格的删除

8. 合并单元格

由于工作需要，例如输入较长的标题符，用户有时需要合并单元格，只需选中需要合并的单元格，选择【开始】选项卡，单击【对齐方式】组中的【合并后居中】按钮即可，如图 4-18 所示。

图 4-18 合并单元格

9. 行高、列宽的设置

除了可以直接用鼠标拖动【行号和列标】交界处调整行高、列宽外，还可以精确调整行高和列宽。在【开始】选项卡下单击【单元格】组中的【格式】按钮，在级联菜单中选择【行高】命令，如图 4-19 所示，在弹出的【行高】对话框中设置行高，【自动调整行高】选项可以为系统自动计算行高以适应所填入数据。设置列宽的方法和行高类似，不再赘述。

图 4-19 设置单元格的行高和列宽

4.1.4 工作表的编辑

1. 工作表的添加、删除和重命名

工作簿由工作表组成，一个工作簿默认有三张工作表，工作表的操作在使用 Excel 中有着非常重要的作用。

1）工作表的添加

默认情况下一个工作簿只有三张工作表，用户可以根据需要添加新的工作表。例如，将案例中的学生基本信息表每个班做一个工作表，如果一个年级有 20 个班，可以在一个工作簿中创建 20 个工作表，分别存储 20 个班的学生的基本信息。添加工作表的方法主要有以下三种：

方法一：单击【开始】选项卡下的【单元格】组中的【插入】倒三角按钮，如图 4-20 所示，选择下拉式列表中的【插入工作表】选项。

图 4-20　插入工作表

方法二：鼠标右键单击任意一个工作表标签，在弹出的快捷菜单中选择【插入】命令，弹出【插入】对话框，如图 4-21 所示。选择【常用】选项卡下的【工作表】图标，单击【确定】按钮，即在选择的工作表前面插入一张新的空白工作表。用户还可以通过【电子表格方案】选项卡插入几种特定模板类型的工作表。

图 4-21　【插入】对话框

方法三：鼠标单击工作表标签栏中的【插入工作表】按钮 ，即自动在工作表标签栏中顺序插入一张新的空白工作表。

2) 工作表的删除

在需要删除的工作表标签上右键单击，在弹出的快捷菜单中选择【删除】命令，即可将当前工作表删除。

3) 工作表的重命名

Excel 2010 中每个工作表名称均默认为"Sheet + 序号"，如 Sheet1、Sheet2、Sheet3…。这种名称既不直观又不好记，用户可根据需要对不同工作表进行重命名。在重命名时，尽量为工作表取一个见名知意的名称，如"学生基本信息表""学生成绩表"等。操作方法为：用鼠标右键单击要重命名的工作表，在弹出的快捷菜单中选择【重命名】命令，工作表标签名会变为选中状态，此时输入新名称，按【Enter】键确认。

2. 工作表的移动、复制和隐藏

对工作簿中的工作表，还可以进行移动、复制和隐藏等操作。

1) 在同一个工作簿中移动、复制工作表

选中要移动的工作表标签，按住鼠标左键向左或向右拖动，同时有一个小三角形跟随它移动，当小三角形达到需要的位置时松开鼠标左键，即将工作表标签移到小三角形所在的位置。复制工作表的方法与移动工作表类似，只需在拖动时按住【Ctrl】键即可。

2) 在不同工作簿中移动、复制工作表

要在不同工作簿中移动工作表，方法是用鼠标右键单击要移动的工作表，在弹出的快捷菜单中执行【移动或复制】命令，弹出【移动或复制工作表】对话框，如图 4-22 所示。在【工作簿】下拉式列表中选择目标工作簿，在下面的列表框中选择它位于哪个工作表的前面，单击【确定】按钮，即将工作表移到指定的目标工作簿中。

在不同工作簿中复制工作表的方法与移动工作表类似，只是需要在【移动或复制工作表】对话框中选中【建立副本】复选框。

图 4-22　【移动或复制工作表】对话框

3) 工作表的隐藏

为了某种需要，如减少屏幕上显示的工作表数、对比或修改两个相隔较远的工作表等，可以将工作表隐藏起来。选择要隐藏的工作表，选择【开始】选项卡下【单元

格】组中【格式】倒三角按钮，选择【隐藏和取消隐藏】级联菜单下的【隐藏工作表】
选项，如图 4-23 所示。如果要取消隐藏，选择【隐藏和取消隐藏】级联菜单下的【取
消隐藏工作表】选项，在弹出的【取消隐藏】对话框中选择要取消隐藏的工作表，单
击【确定】按钮。

图 4-23　工作表的隐藏

4.1.5　单元格引用

在编辑公式时常常会引用单元格数据，单元格引用分为相对引用、绝对引用、混合引
用和跨工作表引用等，以下分别介绍。

1. 相对引用

单元格地址的相对引用反映了该地址与引用该地址的单元格之间的相对位置关系，当
将引用该地址的公式复制到其他单元格时，这种相对位置关系也随之被复制，并随之而变
化。也就是说，在复制单元格的相对引用地址时，其实际地址将随着公式所在的单元格位
置的变化而变化。

例如：

【F2】单元格的公式为【=A1+MAX(B1:C2)】，若将此公式复制到【G4】单元格，公
式将自动变为【=B3+MAX(C3：D4)】。

【F2】单元格同其公式里用到的单元格的相对位置与【G4】单元格同其公式里用到

的单元格的相对位置是一致的。值得注意的是，相对引用常常用于需要自动填充数据的情况。

2. 绝对引用

所谓绝对引用是指将它复制到其他单元格时其地址是不变的。如果在相对引用地址的行号与列标前均加一个$(美元符号)，则该地址就变成了绝对引用地址。

3. 混合引用

所谓混合引用是指在行号与列标里，一部分使用绝对引用地址，另一部分使用相对引用地址。例如【F7】是相对引用地址，【F6】是绝对引用地址，而【$F6】(列固定，行可变)或【F$6】(列可变，行固定)均属于混合引用地址。

4. 跨工作表引用

跨工作表引用即在一个工作表中引用另一个工作表中的单元格数据。为了便于进行跨工作表引用，单元格的准确引用地址应该包括工作表名，其格式为：【工作表名!单元格地址】。如果单元格是在当前工作表内，则前面的工作表名可省略。

4.2　公式的使用

在 Excel 2010 中，公式是对工作表中的数据进行计算操作的最为有效的方式之一，用户可以使用公式来计算电子表格中的各类数据。

4.2.1　公式的创建

使用公式可以执行各种运算，公式由数字、运算符、单元格应用和工作表函数等组成。输入公式的方法与输入数据的方法类似，但输入公式时必须以等号【=】开头，然后才是公式表达式。

1. 认识公式

当用户面对工作表中大量原始数据时，难免会需要对这些数据进行一些数学运算，这就需要用到一些数学公式。Excel 2010 提供了强大的公式编辑功能，可以满足不同用户的数据处理需求。

公式是工作表中用于进行统计计算的等式，以等号开头，后面是其表达式，主要由运算符号、值、常量、单元格引用及函数等组成。

使用自定义公式时需要遵守 Excel 公式的相关法则，下面分别介绍公式中的算术运算符、比较运算符，以及如何正确在公式中使用括号。

1) 算术运算符

若要完成基本的数学运算如加、减、乘、除、乘方、百分比等，需要使用以下算术运算符：

+ (加号)：例如 5 + 5

- (减号)：例如 5 - 4

* (星号)：例如 5 * 3

/ (斜杠)：例如 4 / 2

^ (乘方)：例如 2 ^ 10

% (百分比)：例如 20 * 10%

2) 比较运算符

用户可以使用下列比较运算符比较两个值，结果为逻辑值(TRUE 或 FALSE)：

= (等号)：A1=B1

> (大于号)：A1>B1

< (小于号)：A1<B1

>= (大于等于号)：A1>=B1

<= (小于等于号)：A1<=B1

<> (不等号)A1<>B1

3) 公式中的括号

若要更改求值的顺序，需要将公式中优先计算的部分用括号括起来。例如，4+3*2 的结果为 10，因为运算时先乘除后加减。但是，如果用括号改变其运算顺序，结果就不同了，如(4+3)*2，结果为 14。需要注意的是，在公式中包含函数时，括号仍然适用。

2. 输入公式

打开工作表后，选中【G3】单元格，在单元格中输入公式【=D3+E3+F3】，表示要计算左侧各科的总分，如图 4-24 所示。

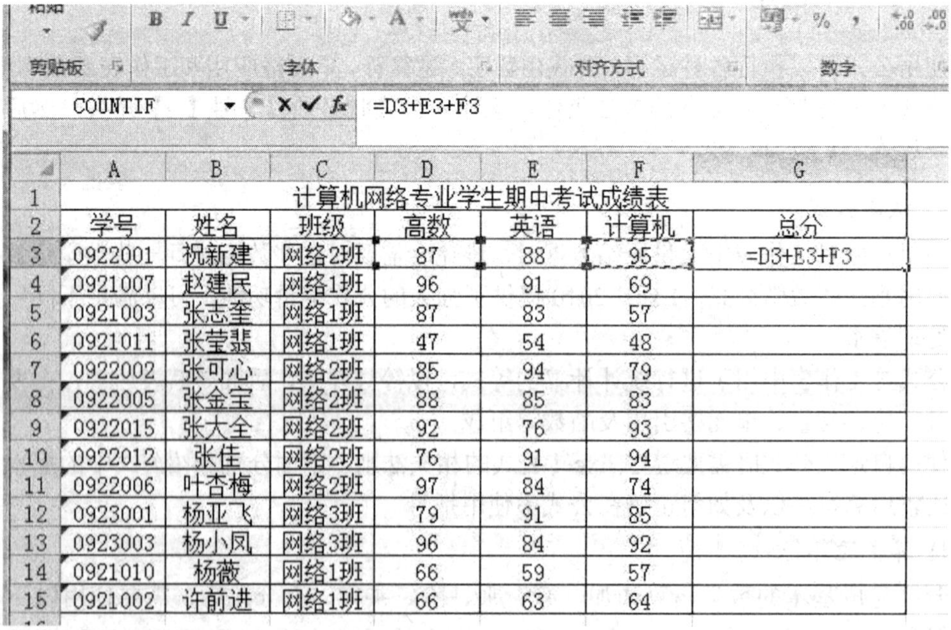

	A	B	C	D	E	F	G
1	计算机网络专业学生期中考试成绩表						
2	学号	姓名	班级	高数	英语	计算机	总分
3	0922001	祝新建	网络2班	87	88	95	=D3+E3+F3
4	0921007	赵建民	网络1班	96	91	69	
5	0921003	张志奎	网络1班	87	83	57	
6	0921011	张莹翡	网络1班	47	54	48	
7	0922002	张可心	网络2班	85	94	79	
8	0922005	张金宝	网络2班	88	85	83	
9	0922015	张大全	网络2班	92	76	93	
10	0922012	张佳	网络2班	76	91	94	
11	0922006	叶杏梅	网络2班	97	84	74	
12	0923001	杨亚飞	网络3班	79	91	85	
13	0923003	杨小凤	网络3班	96	84	92	
14	0921010	杨薇	网络1班	66	59	57	
15	0921002	许前进	网络1班	66	63	64	

图 4-24　公式输入操作

输入完毕后，按【Enter】键，则 Excel 就会自动算出结果，如图 4-25 所示。

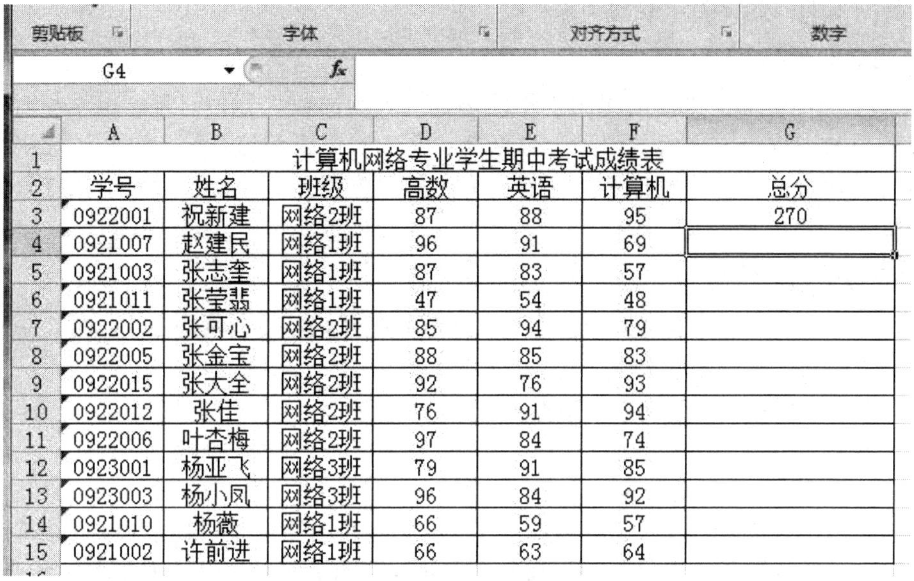

	A	B	C	D	E	F	G
1	计算机网络专业学生期中考试成绩表						
2	学号	姓名	班级	高数	英语	计算机	总分
3	0922001	祝新建	网络2班	87	88	95	270
4	0921007	赵建民	网络1班	96	91	69	
5	0921003	张志奎	网络1班	87	83	57	
6	0921011	张莹翡	网络1班	47	54	48	
7	0922002	张可心	网络2班	85	94	79	
8	0922005	张金宝	网络2班	88	85	83	
9	0922015	张大全	网络2班	92	76	93	
10	0922012	张佳	网络2班	76	91	94	
11	0922006	叶杏梅	网络2班	97	84	74	
12	0923001	杨亚飞	网络3班	79	91	85	
13	0923003	杨小凤	网络3班	96	84	92	
14	0921010	杨薇	网络1班	66	59	57	
15	0921002	许前进	网络1班	66	63	64	

图 4-25　公式运算结果

要完成同一列的其他单元格的计算，可选择拖曳填充方法完成，如图 4-26 所示。

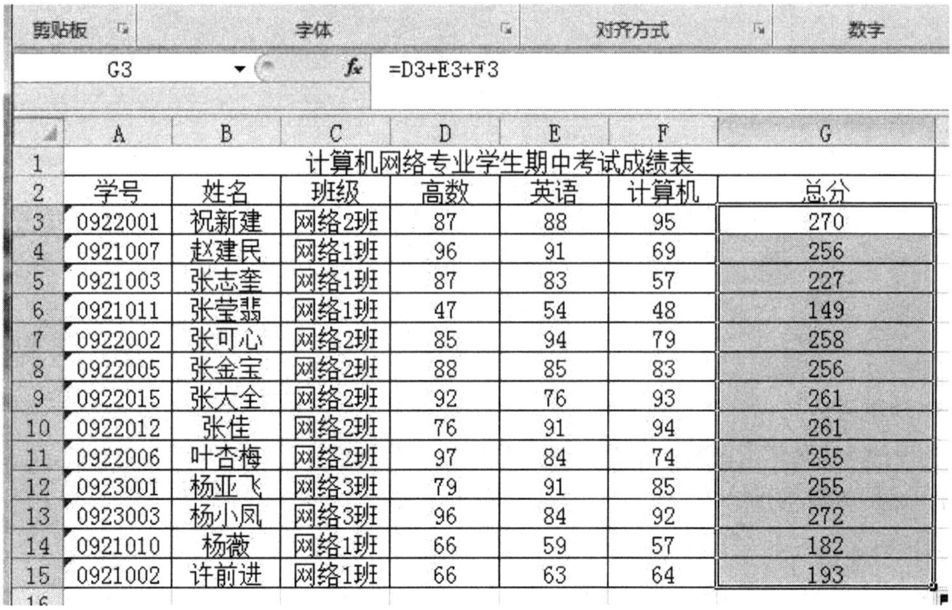

	A	B	C	D	E	F	G
1	计算机网络专业学生期中考试成绩表						
2	学号	姓名	班级	高数	英语	计算机	总分
3	0922001	祝新建	网络2班	87	88	95	270
4	0921007	赵建民	网络1班	96	91	69	256
5	0921003	张志奎	网络1班	87	83	57	227
6	0921011	张莹翡	网络1班	47	54	48	149
7	0922002	张可心	网络2班	85	94	79	258
8	0922005	张金宝	网络2班	88	85	83	256
9	0922015	张大全	网络2班	92	76	93	261
10	0922012	张佳	网络2班	76	91	94	261
11	0922006	叶杏梅	网络2班	97	84	74	255
12	0923001	杨亚飞	网络3班	79	91	85	255
13	0923003	杨小凤	网络3班	96	84	92	272
14	0921010	杨薇	网络1班	66	59	57	182
15	0921002	许前进	网络1班	66	63	64	193

图 4-26　拖曳填充效果

4.2.2　函数的使用

函数是一些预定义的公式，是对一个或多个执行运算的数据进行指定的计算，并且返回计算结果的公式。执行运算的数据(包括文字、数字、逻辑值)称为函数的参数，经函数执行后传回来的数据称为函数的结果。

1. 函数的分类

Excel 2010 提供了大量的可用于不同场合的各类函数，分为财务、日期与时间、数学与三角函数、统计、查找与引用、数据库、文本、逻辑和信息等。这些函数极大地扩展了公式的功能，使数据的计算、处理更为容易，更为方便，特别适用于执行繁长或复杂的计算。

2. 函数的语法结构

Excel 2010 中的函数最常见的结构是以函数名称开始，后面紧跟左小括号，然后以逗号分隔输入参数，最后是右小括号结束。格式如下：

　　　　函数名(参数 1，参数 2，参数 3，…)

例如：

　　　　SUM(number1，number2，number3，…)

函数的调用方式有两种，一种为单击【公式】选项卡下的【自动求和】倒三角按钮，如图 4-27 所示，在弹出的下拉菜单中显示了五种最常用的函数以及其他函数，此种方法较为方便，不易出错。第二种方法为直接输入函数进行计算。

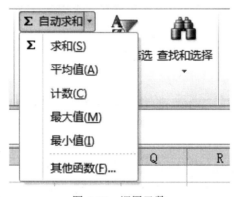

图 4-27　调用函数

3. 常用函数

下面介绍几种常用函数，请读者熟练掌握。

1) 求和函数 SUM

函数格式如下：

　　　　SUM(number1，number2，number3，…)

功能：返回参数表中所有参数的和。

例如，在【考试考查成绩表】案例中学生总分用加法公式计算稍显麻烦，可以用求和函数计算，可以直接在【G3】单元格中输入【=SUM(A3:F3)】，或者单击【公式】选项卡下【自动求和】按钮，选中需要求和的单元格区域【A3:F3】，按【Enter】键，如图 4-28 所示。

如要计算不连续的单元格的和，则与不连续单元格选取的方法类似，单击【自动求和】

按钮后，选取第一个需要求和的单元格，再按住【Ctrl】键不放选取不连续的需要求和的单元格，按【Enter】键确认结束。

⁴	A	B	C	D	E	F	G	H
1				考试成绩表				
2	学号	姓名	性别	数学	英语	化学	总分	平均分
3	001	陈林	男	75	70		=SUM(D3:F3)	
4	002	张方	男	65	71	86	SUM(number1, [number2	
5	003	李小栋	女	55	72	71		
6	004	马思思	女	89	76	35		
7	005	方明华	男	84	87	86		
8	006	赵又恩	男	95	88	45		
9	007	孙小萌	女	75	86	62		
10	008	胡菲菲	女	65	95	70		
11	009	谷月	女	84	95	83		
12	010	周小小	女	81	80	80		
13	011	钱幼多	男	76	55	92		
14	012	刘明达	男	71	67	97		
15	013	杜小月	女	70	60	76		
16	014	武磊磊	男	93	83	72		
17								

图 4-28　使用求和函数计算总分

2）求平均值函数 AVERAGE

函数格式如下：

　　　　AVERAGE(number1，number2，number3，…)

功能：返回参数表中所有参数的平均值。

例如，在【考试考查成绩表】案例中计算学生的平均分，与自动求和类似，可以直接在【H3】单元格中输入【=AVERAGE(D3:F3)】，或者使用【自动求和】按钮右侧的向下箭头，在弹出的下拉菜单中选择【平均值】选项，然后选择【D3:F3】单元格区域，如图 4-29 所示，再按【Enter】键完成。

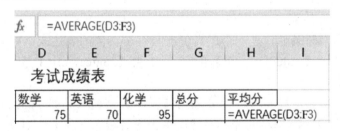

fx		=AVERAGE(D3:F3)				
	D	E	F	G	H	I
	考试成绩表					
	数学	英语	化学	总分	平均分	
	75	70	95		=AVERAGE(D3:F3)	

图 4-29　使用函数求平均分

3）求最大值 MAX

函数格式如下：

　　　　MAX(number1，number2，number3，…)

功能：返回参数表中所有参数的最大值。

例如，在【考试考查成绩表】案例中添加一行计算数学课程的最高分，选取单元格【D18】，直接输入【=MAX(D3:D16)】，或者选择【自动求和】按钮菜单中的【最大值】选项，然后选取【D3:D16】，如图 4-30 所示，再按【Enter】键完成。

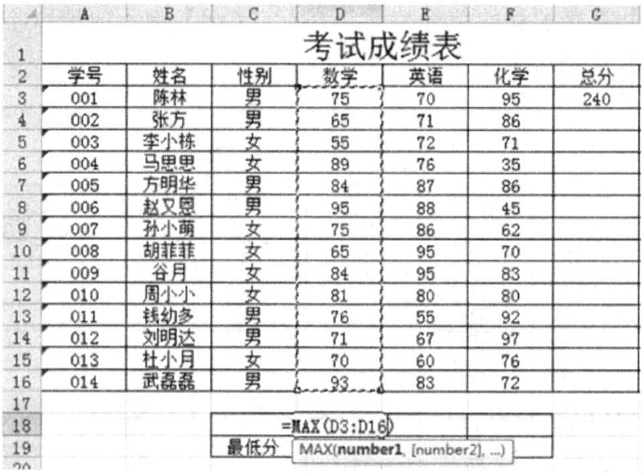

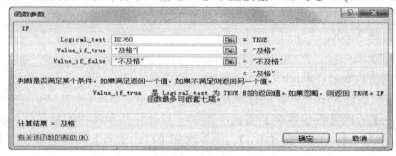

图 4-30　使用函数求最大值

4）求最小值函数 MIN

函数格式如下：

　　MIN(number1，number2，number3，…)

功能：返回参数表中所有参数的最小值。

求值方法与 MAX 函数相同。

5）计数函数 COUNT

函数格式如下：

　　COUNT(number1，number2，…，number n)

功能：返回参数表中数字项的个数，COUNT 属于统计函数。

6）条件判断函数 IF

函数格式如下：

　　IF(logical_test，value_if_true，value_if_flase)

功能：判断条件表达式的值，根据表达式值的真假，返回不同结果。其中【logical_test】为判断条件，是一个逻辑值或具有逻辑值的表达式。如果【logical_test】表达式为真，显示【value_if_true】的值；如果【logical_test】表达式为假，显示【value_if_false】的值。

例如，要评价数学成绩 60 分以上的显示【及格】，小于 60 分的显示【不及格】。下面以图 4-31、图 4-32 为例，在评价单元格【E2】中直接输入公式【=IF(D2>=60，"及格"，

图 4-31　【函数参数】对话框

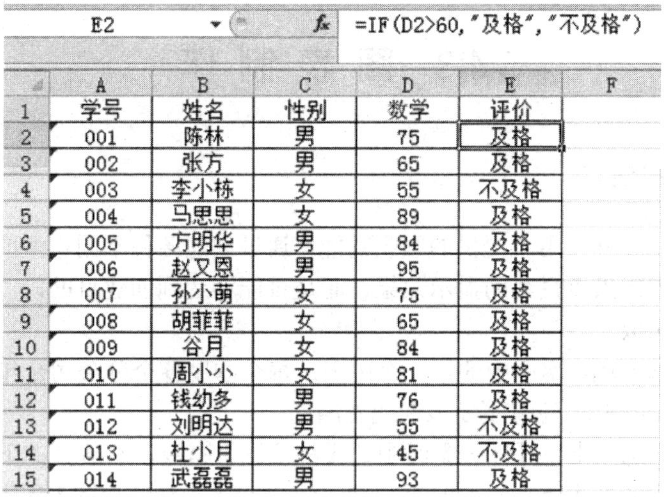

E2　　=IF(D2>60,"及格","不及格")

	A	B	C	D	E	F
1	学号	姓名	性别	数学	评价	
2	001	陈林	男	75	及格	
3	002	张方	男	65	及格	
4	003	李小栋	女	55	不及格	
5	004	马思思	女	89	及格	
6	005	方明华	男	84	及格	
7	006	赵又恩	男	95	及格	
8	007	孙小萌	女	75	及格	
9	008	胡菲菲	女	65	及格	
10	009	谷月	女	84	及格	
11	010	周小小	女	81	及格	
12	011	钱幼多	男	76	及格	
13	012	刘明达	男	55	不及格	
14	013	杜小月	女	45	不及格	
15	014	武磊磊	男	93	及格	

图 4-32　最终效果

“不及格”)】，或者单击常用工具栏中的【自动求和】右侧的倒三角按钮，在弹出的下拉菜单中选择【其他函数】中选择【IF 函数】，弹出【函数参数】对话框，在相应的文本框中输入内容，如图 4-31 所示，最终效果如图 4-32 所示。

函数可以嵌套，当一个函数作为另一个函数的参数时，称为函数嵌套。函数嵌套可以提高公式对复杂数据的处理能力，加快函数处理速度，增强函数的灵活性。

IF 函数最多可以嵌套七层。如将数学评价改进，将评价等级细分，分为优、良、中、及格、不及格五个等级，就要用函数嵌套的形式了。【logical_test】为最高的条件【E2>=90】、【value_if_true】等级为【优秀】，而在【value_if_false】中为小于 90 分的情况，然后以此为前提再细分，又是一个 IF 函数，依此类推，则公式为:

=IF(D2>=90，“优”，IF(D2>=80，“良”，IF(D2>=70，“中”，IF(D2>=60，“及格”，“不及格”))))

最终效果如图 4-33 所示。

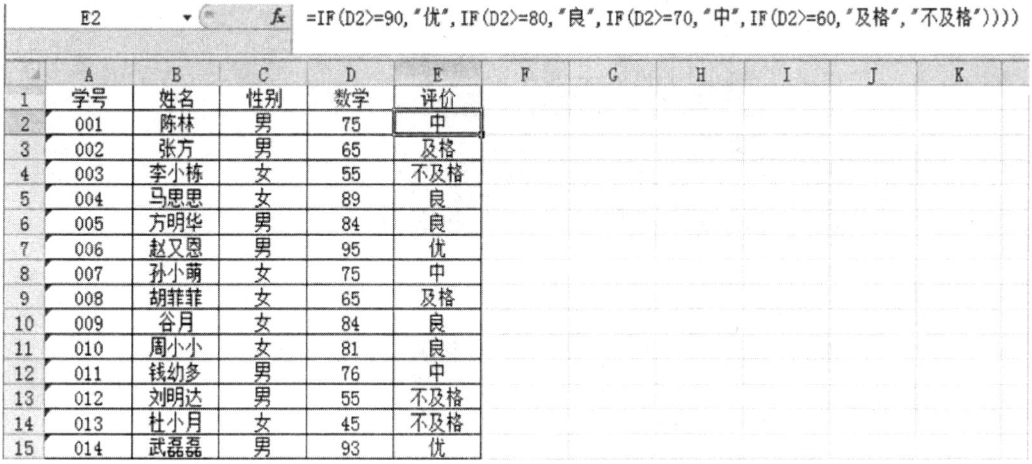

E2　　=IF(D2>=90,"优",IF(D2>=80,"良",IF(D2>=70,"中",IF(D2>=60,"及格","不及格"))))

	A	B	C	D	E	F	G	H	I	J	K
1	学号	姓名	性别	数学	评价						
2	001	陈林	男	75	中						
3	002	张方	男	65	及格						
4	003	李小栋	女	55	不及格						
5	004	马思思	女	89	良						
6	005	方明华	男	84	良						
7	006	赵又恩	男	95	优						
8	007	孙小萌	女	75	中						
9	008	胡菲菲	女	65	及格						
10	009	谷月	女	84	良						
11	010	周小小	女	81	良						
12	011	钱幼多	男	76	中						
13	012	刘明达	男	55	不及格						
14	013	杜小月	女	45	不及格						
15	014	武磊磊	男	93	优						

图 4-33　使用 IF 嵌套的成绩评价效果图

4.3 图表制作

4.3.1 图表的创建

图表是 Excel 2010 为用户提供的强大功能，通过创建各种不同类型的图表，为分析工作表中的各种数据提供更直观的显示效果，而是否能够达到创建目的，一个重要的决定因素是图表数据的选取。

选择所需数据区域，本例中的第一个图表：每个季度各个分公司全年销售明细图应选择单元格区域【A3:E6】，注意不要多选或者漏选。

单击【插入】选项卡下【图表】组中的【柱形图】命令，在展开的下拉式列表中列出了 Excel 2010 提供的图表类型，如图 4-34 所示。选择【簇状柱形图】图表类型，在当前工作表中插入一簇状柱形图，如图 4-35 所示。Excel 会自动新增图表工具所包含的【设计】、【布局】及【格式】三个选项卡，可以在其中对图表进行编辑。插入的图表只显示了图表的图例、水平类别轴和数值轴刻度。

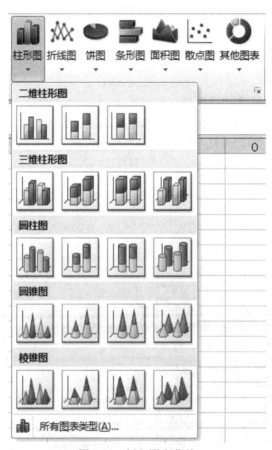

图 4-34　插入图表菜单

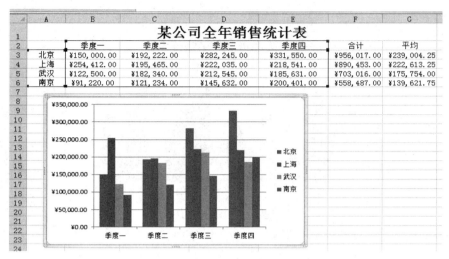

图 4-35　插入图表后的效果

选中图表区，切换到【布局】选项卡，在【标签】组中单击【图表标题】按钮，在展开的菜单中选择【图表上方】选项，如图 4-36 所示，此时图表上方显示了图表标题文本框以及相应的提示文本，用户只需删除其中的文本，输入新标题名称即可。

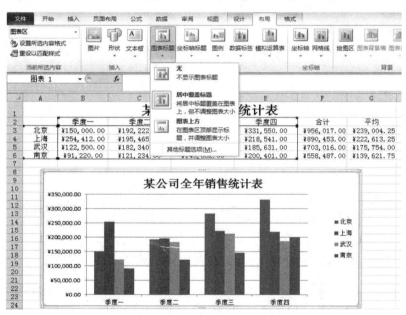

图 4-36　给图添加标题

4.3.2　图表的编辑与格式化

用户可能会对生成的图表感到不满意，特别是快速创建的图表、中间步骤没有详细设置的图表，因此，学会对图表进行修改是非常重要的。

1. 图表的组成

要想灵活地编辑图表，首先要了解图表的组成结构以及图表的可编辑对象，如图 4-37

所示为图表的组成。

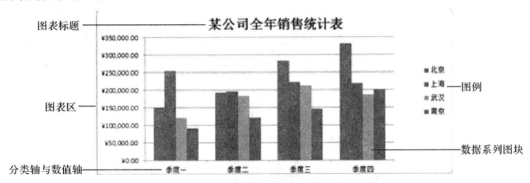

图 4-37　图表的组成

图表标题：用于显示图表标题名称，位于图表顶部。

图表区：表格数据的成图区，包含所有图表对象。

图例：用不同色彩的小方块和名称区分各个数据系列。

分类轴与数值轴：分别表示各分类的名称和各数值的刻度。

数据系列图块：用于标识不同系列，表现不同系列间的差异、趋势及比例关系，每一个系列自动分配一种图块颜色并与图例颜色匹配。

2. 图表设置的修改

图表创建后，如果发现图表创建时设置的各种值和图表选项与想要的效果不一致，可以进行更改，方法如下：

1) 更改图表类型

单击【图表区】空白处，单击【设计】选项卡下【类型】组中的【更改图表类型】按钮，弹出【更改图表类型】对话框，如图 4-38 所示，可以选择需要的图表类型，单击【确定】按钮，此时图表的类型即发生改变。

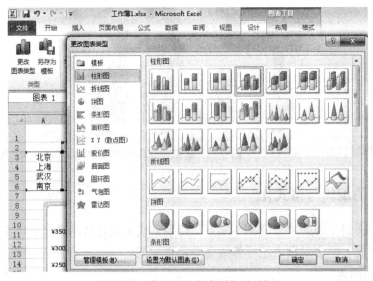

图 4-38　【更改图表类型】对话框

2) 更改图表样式

选择需要的图表类型后，如果对图表的样式不满意，可以进行更改。选择图表后，在【设计】选项卡的【样式】组中提供的多种不同的图表样式中进行选择，点击一个样式按钮，即可将图表的样式进行更新，也可以在【格式】选项卡的【形状样式】组中对图表的外观进行修改。

3) 更改数据源

若设置图表前选择的数据源有问题需要更改，则可以随时更改图表数据源。选择图表区空白区域，单击【设计】选项卡【数据】组中的【选择数据】按钮，弹出【选择数据源】对话框，如图 4-39 所示，单击【图表数据区域】后面的按钮可以重新选择数据源，此对话框还可以切换行和列。

图 4-39　更改数据源

4) 更改图表布局

选中图表区空白区域，单击【开始】选项卡下【图表布局】组中的快翻按钮，在展开的图表布局库中选择需要的布局，如选择【布局 5】，图表即变成如图 4-40 所示效果，在图表下方显示数据表形式。

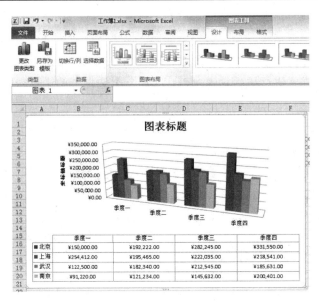

图 4-40　更改图表布局

5) 更改图表位置

图表默认与工作表在同一工作表中，如需将图表作为单独工作表显示，则可以更改图表位置。单击【设计】选项卡【位置】组中的【移动图表】按钮，弹出【移动图表】对话框，如图 4-41 所示。选择【新工作表】单选按钮，选择单选按钮后可以为新工作表命名，工作表名称默认为【Chart1】，单击【确定】按钮完成。

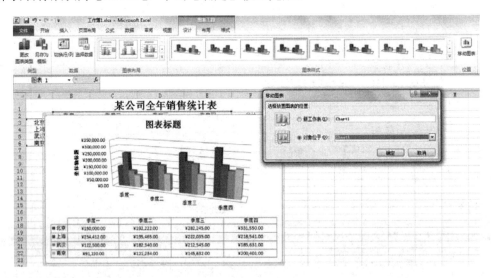

图 4-41　更改图表位置

6) 更改图例和数据标签

图例的更改可以单击【开始】选项卡【标签】组中的【图例】按钮，在展开的菜单中选择图例位置。单击【其他图例按钮】选项，弹出【设置图例格式】对话框，如图 4-42 所示。可以通过【图例选项】、【填充】、【边框颜色】、【边框样式】、【阴影】、【发光和柔化边缘】几个选项卡更改图例格式。

图 4-42　【设置图例格式】对话框

3. 图表的修饰

图表的大小、位置均可以通过相应的调整进行修饰，最快捷的方法就是想修饰哪个区域就双击哪个区域。

1) 图表区的修饰

若将本案例图表区修饰成淡蓝色背景、深蓝色虚线边框并对预设形状及图表区文字格式等进行设置，首先双击图表区空白处，弹出【设置绘图区格式】对话框，如图 4-43 所示。通过【填充】、【边框颜色】、【边框样式】等选项卡设置图表区的格式。

图 4-43　【设置绘图区格式】对话框

2) 图例的修饰

选中图例，单击右键弹出快捷菜单，选择【设置图例格式】选项，弹出【设置图例格式】对话框，如图 4-44 所示。在这个对话框中也可以设置【图例位置】、【填充】、【边框颜色】等，设置方法与图表区格式设置类似，这里不再赘述。

图 4-44 【设置图例格式】对话框

3) 坐标轴格式设置

若要修改图表坐标轴的格式，直接双击要设置的【X 坐标轴】或【Y 坐标轴】，弹出【设置坐标轴格式】对话框，如图 4-45 所示为【X 坐标轴】的【设置坐标轴格式】对话框，用户可根据需要进行修改。

图 4-45 【设置坐标轴格式】对话框

图表上述格式设置均可以通过快捷菜单和【图表工具】中的【格式】选项卡中的【设置所选内容格式】按钮进行设置。

4.3.3 迷你图的使用

迷你图是 Excel 2010 的一个新增功能，它是绘制在单元格中的一个微型图表，用迷你图可以直观地反应数据系列的变化趋势。与图表不同的是，当打印工作表时，单元格中的迷你图会与数据一起进行打印。创建迷你图后还可以根据需要对迷你图进行自定义，如高亮显示最大值和最小值、调整迷你图颜色等。

1. 迷你图的创建

迷你图包括折线图、柱形图和盈亏三种类型。在创建迷你图时，需要选择数据范围和放置迷你图的单元格。如图 4-46 所示为某公司各分公司的销售情况以迷你图的形式直观显示的效果图。

	A	B	C	D	E	F
1	某公司全年软件销售统计表					
2		季度一	季度二	季度三	季度四	迷你图
3	北京	¥ 1,900.00	¥ 1,675.00	¥ 3,321.00	¥ 4,544.00	
4	上海	¥ 2,500.00	¥ 3,000.00	¥ 3,685.00	¥ 4,545.00	
5	南京	¥ 2,200.00	¥ 1,985.00	¥ 2,121.00	¥ 2,951.00	
6	武汉	¥ 1,581.00	¥ 1,985.00	¥ 2,532.00	¥ 3,100.00	

图 4-46　迷你图效果

鼠标单击当前销售表格所在工作表的任意单元格，单击【插入】选项卡下【迷你图】组中的【折线图】按钮，弹出【创建迷你图】对话框，如图 4-47 所示。单击【数值范围】后面的按钮，选取创建迷你图所需的数据范围。在本例中，先为北京分公司创建迷你图，则数据范围选择【B3: E3】，放置迷你图的位置范围选择【F3】，单击【确定】按钮，完成迷你图的创建。

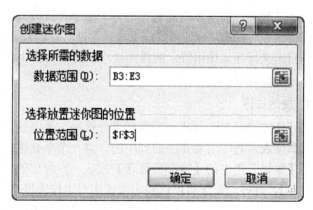

图 4-47　插入迷你图

其他分公司迷你图的创建与北京分公司方法相同，则可以通过选中【F3】单元格拖动单元格右下角的十字型填充手柄复制获得。迷你图的最终效果如图 4-48 所示。

	A	B	C	D	E	F
1	某公司全年软件销售统计表					
2		季度一	季度二	季度三	季度四	迷你图
3	北京	¥ 1,900.00	¥ 1,675.00	¥ 3,321.00	¥ 4,544.00	
4	上海	¥ 2,500.00	¥ 3,000.00	¥ 3,685.00	¥ 4,545.00	
5	南京	¥ 2,200.00	¥ 1,985.00	¥ 2,121.00	¥ 2,951.00	
6	武汉	¥ 1,581.00	¥ 1,985.00	¥ 2,532.00	¥ 3,100.00	

图 4-48　迷你图的效果

2. 迷你图的编辑

在创建迷你图后，用户可以对其进行编辑，如更改迷你图的类型、应用迷你图样式、在迷你图中显示数据点、设置迷你图和标记的颜色等，以使迷你图更加美观。

选择【F3】单元格中的迷你图，切换到【设计】选项卡，在该选项卡中可以对迷你图的样式、迷你图的外观进行修改，如图 4-49 所示。

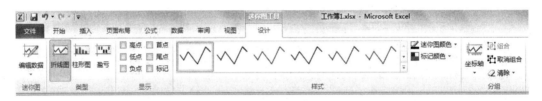

图 4-49　迷你图的设计选项

4.4　数 据 管 理

4.4.1　数据排序

排序是数据库的基本功能之一，为了便于查找数据，往往需要对数据清单进行排序而不再保持输入时的顺序。使用排序命令，可以对行列数据进行排序。排序的方式分为升序、降序和自定义排序。使用特定的排序次序，对单元格中的数据进行重新排列，方便用户对整体结果进行比较。

1. 快速排序

快速排序指只对一行或一列数据进行排序，是比较简单也比较常用的排序方式。打开创建的数据表，选中需要排序的列中的任意一个单元格，如【G5】单元格，选择【开始】选项下【编辑】组中的【排序和筛选】按钮，在弹出的下拉列表中选择所需的排序方式，如【降序】，此时，系统将以该列为关键字对工作表进行降序排列，如图 4-50 所示。

在进行数据排序时，可先按某个关键字对数据进行排序后，再对另一个或多个关键字进行排序，只需再次或多次重复操作即可。

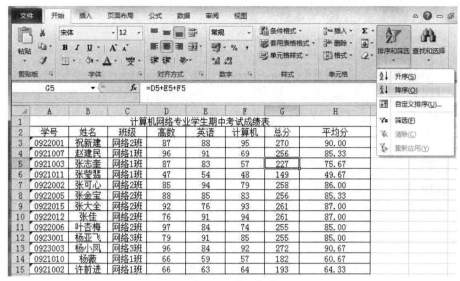

图 4-50　排序操作

2. 自定义排序

自定义排序是对多行或列进行排序，排序中使用了多项关键词。同样是打开创建的数据表，选择【数据】选项卡下【排序和筛选】组中的【排序】按钮，如图 4-51 所示。

图 4-51　自定义排序操作

在弹出的【排序】对话框中【列】的【主要关键字】的下拉列表中选择【高数】选项，并在【次序】下拉列表中选择【降序】选项，如图 4-52 所示。

图 4-52　主要关键字设置

单击【排序】对话框上方的【添加条件】按钮，添加次要关键字。在次要关键字的【列】的【次要关键字】下拉列表框中选择【英语】选项，在【次序】下拉列表框中选择【降序】

选项，单击【确定】按钮，如图 4-53 所示。

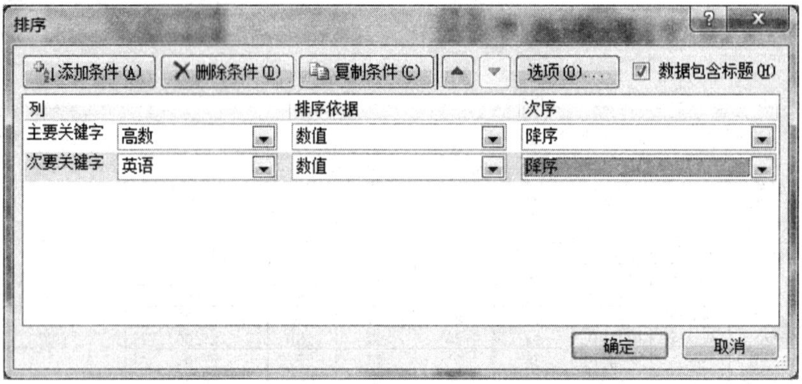

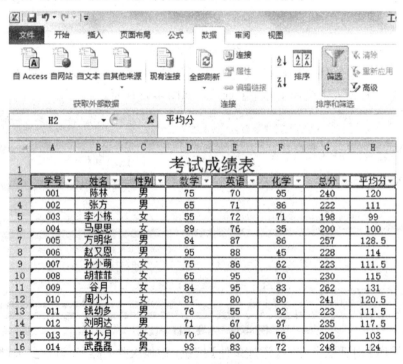

图 4-53　次要关键字设置

此时，系统将对数据表中的数据进行排序，可通过此操作一次性完成对多个条件进行排序的操作。

4.4.2　数据筛选

数据筛选功能是查找和处理数据列表中数据子集的快捷方法，将数据清单中满足条件的记录显示出来，而将不满足条件的记录暂时隐藏。使用筛选功能可以提高查询效率。

打开创建的数据表，选择【A3:F3】单元格区域，然后点击【数据】选项卡下【排序和筛选】组中的【筛选】按钮，进入筛选状态，如图 4-54 所示。

图 4-54　打开筛选功能

单击【总分】列的下拉按钮，在弹出的下拉面板中选择【数字筛选】里的【小于】选项，如图 4-55 所示，此时会弹出【自定义自动筛选方式】对话框，如图 4-56 所示，然后设置筛选条件，单击【确定】按钮，最终效果如图 4-57 所示。

图 4-55　筛选下拉菜单

图 4-56　自定义筛选方式

	A	B	C	D	E	F	G	H
1				考试成绩表				
2	学号	姓名	性别	数学	英语	化学	总分	平均分
5	003	李小栋	女	55	72	71	198	99
6	004	马思思	女	89	76	35	200	100
15	013	杜小月	女	70	60	76	206	103

图 4-57　筛选结果

4.4.3 分类汇总

分类汇总是数据分析的重要工具之一，使用该功能可以快速地根据用户设置的条件对数据表中的数据进行统计。分类汇总是对不同的单元格数据进行小计、合计等计算，从而实现对数据的多样统计，汇总后的数据可以根据需要分级查看。

打开创建的数据表，选择【B】列，单击【开始】选项卡下的【排序和筛选】组中的【升序】按钮，将该列进行排序，如图 4-58 所示。

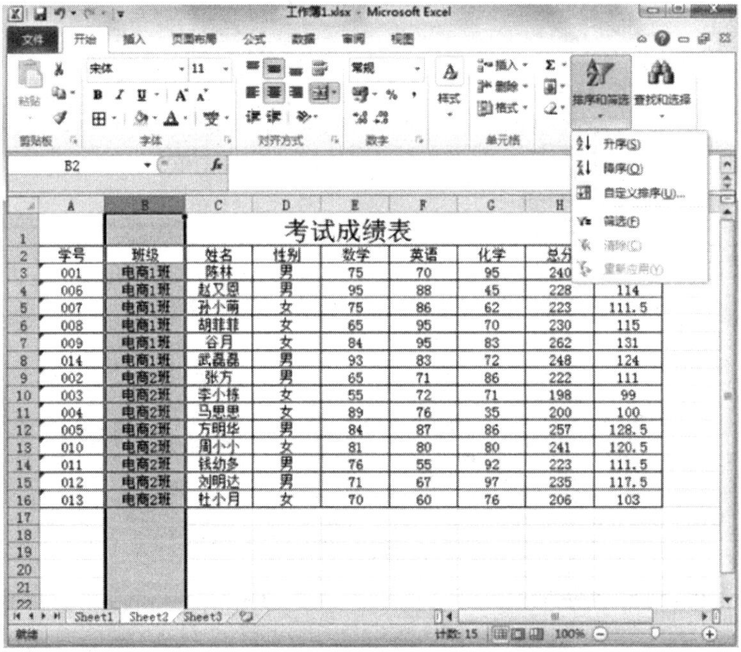

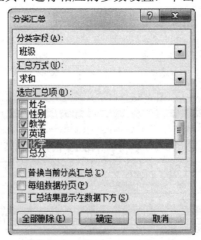

图 4-58　对数据排序

接着单击【数据】选项卡下【分组显示】组中的【分类汇总】按钮，弹出【分类汇总】对话框，如图 4-59 所示，在其中进行相应的参数设置，单击【确定】按钮。

图 4-59　【分类汇总】对话框

此时，系统将根据分类汇总设置创建分类汇总表，可通过窗口左侧的分级标签显示各级的汇总情况，如图 4-60 所示。

	A	B	C	D	E	F	G	H	I
1	考试成绩表								
2	学号	班级	姓名	性别	数学	英语	化学	总分	平均分
3		总计			1078	1085	1050		
4		电商1班 汇总			487	517	427		
5	001	电商1班	陈林	男	75	70	95	240	120
6	006	电商1班	赵又恩	男	95	88	45	228	114
7	007	电商1班	孙小萌	女	75	86	62	223	111.5
8	008	电商1班	胡菲菲	女	65	95	70	230	115
9	009	电商1班	谷月	女	84	95	83	262	131
10	014	电商1班	武磊磊	男	93	83	72	248	124
11		电商2班 汇总			591	568	623		
12	002	电商2班	张方	男	65	71	86	222	111
13	003	电商2班	李小栋	女	55	72	71	198	99
14	004	电商2班	马思思	女	89	76	35	200	100
15	005	电商2班	方明华	男	84	87	86	257	128.5
16	010	电商2班	周小小	女	81	80	80	241	120.5
17	011	电商2班	钱幼多	男	76	55	92	223	111.5
18	012	电商2班	刘明达	男	71	67	97	235	117.5
19	013	电商2班	杜小月	女	70	60	76	206	103

图 4-60　分类汇总后的效果

单击【数据】选项卡下【分组显示】组中的【分类汇总】按钮，弹出【分类汇总】对话框，单击【全部删除】按钮即可删除分类汇总。

4.5　实训项目：学生成绩表

◇ 工作表的新建与录入

(1) 启动 Excel 2010，在默认打开的工作表中输入以下数据内容，如图 4-61 所示。

	A	B	C	D	E	F	G	H	I	J
1	考试成绩表									
2	学号	班级	姓名	性别	数学	英语	化学	总分	平均分	评价
3		电商1班	陈林	男	75	70	95			
4			赵又恩	男	95	88	45			
5			孙小萌	女	75	86	62			
6			胡菲菲	女	65	95	70			
7			谷月	女	84	95	83			
8			武磊磊	男	93	83	72			
9		电商2班	张方	男	65	71	86			
10			李小栋	女	55	72	71			
11			马思思	女	89	76	35			
12			方明华	男	84	87	86			
13			周小小	女	81	80	80			
14			钱幼多	男	76	55	92			
15			刘明达	男	71	67	97			
16			杜小月	女	70	60	76			
17				最高分						
18				最低分						

图 4-61　输入数据

(2) 选择【A1:J1】单元格区域，在【开始】选项卡的【对齐方式】组中点击【合并后并居中】按钮，让这个区域的单元格合并，然后在【字体】组中设置字体大小为【20】，效果如图 4-62 所示。

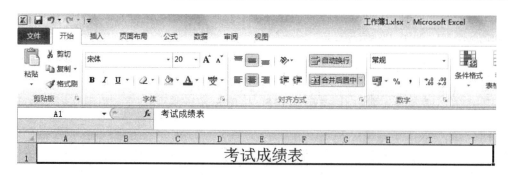

图 4-62　第一行的标题单元格合并

(3) 再将【A1:J16】的单元格区域选中，在【字体】组中给这些单元格增加边框，如图 4-63 所示，再给【D17:G18】的单元格区域也增加边框。

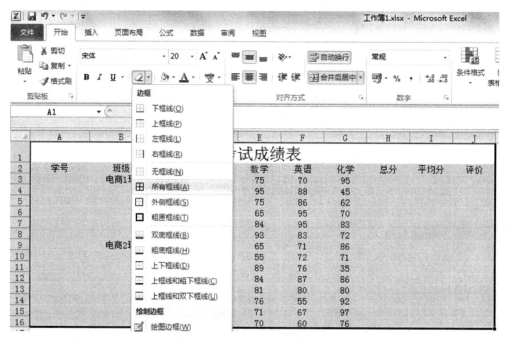

图 4-63　给表格增加边框线

◇ **完成学号及班级填充**

(4) 在【A3】单元格中输入文本【001】，记住在数字【0】前面插入空格，这时【A3】单元格的内容就是【001】，如图 4-64 所示。

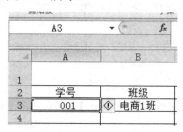

图 4-64　在 A3 单元格输入数据

(5) 将鼠标指针移至【A3】单元格的右下角，当指针的状态变成一个实心的十字时，按下鼠标左键向下拖动，一直拖到【A16】单元格，此时【A3:A16】区域的单元格的数据都会以序列的方式进行填充，如图 4-65 所示。

(6) 使用相同的方法，对班级这个列的数据也进行填充，但是在使用填充的时候，按住键盘的【Ctrl】键，这样班级的数据就只进行复制填充，而不会进行序列填充了，效果如图 4-66 所示。

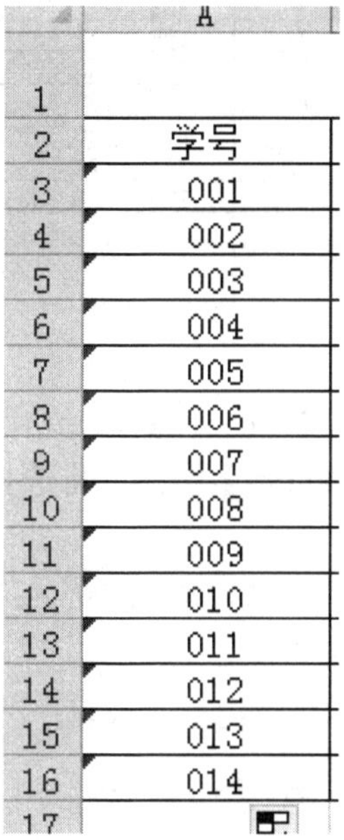

图 4-65　单元格的序列填充 　　　　　　　图 4-66　对数据进行复制填充

◇ **对数据进行计算**

(7) 选择【E3:G3】单元格区域，然后在【开始】选项卡的【编辑】组中点击【自动求和】函数，此时的【H3】单元格的公式栏中会显示一个函数公式【=SUM(E3:G3)】，此时的【H3】单元格就会计算出【E3:G3】单元格区域内的数据总和，效果如图 4-67 所示。

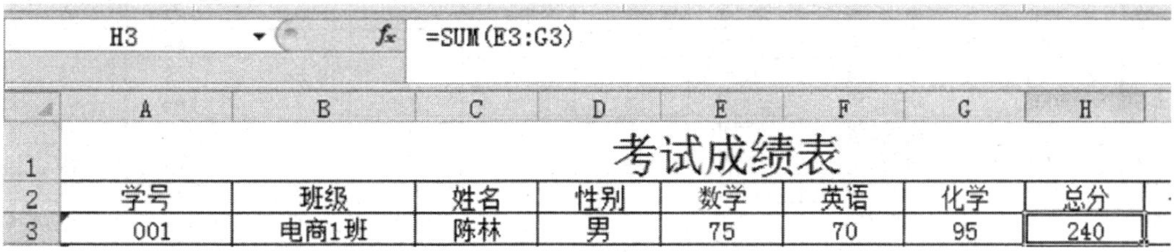

图 4-67　使用函数求和

(8) 使用序列填充的方式，对下方的单元格也进行总分的快速求和，然后选择【I3】单元格，使用【平均值】函数，对【E3:G3】单元格内的数值进行求平均值，最后的效果如图 4-68 所示。

				考试成绩表					
学号	班级	姓名	性别	数学	英语	化学	总分	平均分	评价
001	电商1班	陈林	男	75	70	95	240	80	
002	电商1班	赵又恩	男	95	88	45	228	76	
003	电商1班	孙小萌	女	75	86	62	223	74.33333	
004	电商1班	胡菲菲	女	65	95	70	230	76.66667	
005	电商1班	谷月	女	84	95	83	262	87.33333	
006	电商1班	武磊磊	男	93	83	72	248	82.66667	
007	电商2班	张方	男	65	71	86	222	74	
008	电商2班	李小栋	女	55	72	71	198	66	
009	电商2班	马思思	女	89	76	35	200	66.66667	
010	电商2班	方明华	男	84	87	86	257	85.66667	
011	电商2班	周小小	女	81	80	80	241	80.33333	
012	电商2班	钱幼多	男	76	55	92	223	74.33333	
013	电商2班	刘明达	男	71	67	97	235	78.33333	
014	电商2班	杜小月	女	70	60	76	206	68.66667	
			最高分						
			最低分						

图 4-68　使用函数求平均值

(9) 在【I5】等单元格，求得的平均值有很长的小数，将【I3:I16】单元格区域全部选中，然后在【开始】选项卡的【数字】组中点击【减少小数位数】按钮，将选择区域内的数字取为整数值，效果如图 4-69 所示。

图 4-69　对小数进行取整

(10) 选择 J3 单元格，在这个单元格的公式栏中输入

=IF(I3>=80，"优"，IF(I3>=75，"良"，IF(I3>=70，"中"，IF(I3>=60，"及格"，"不及格"))))

对平均分进行评价，最终的效果如图 4-70 所示。

J3				f_x =IF(I3>=80,″优″,IF(I3>=75,″良″,IF(I3>=70,″中″,IF(I3>=60,″及格″,″不及格″))))							
	A	B	C	D	E	F	G	H	I	J	K
1					考试成绩表						
2	学号	班级	姓名	性别	数学	英语	化学	总分	平均分	评价	
3	001	电商1班	陈林	男	75	70	95	240	80	优	
4	002	电商1班	赵又恩	男	95	88	45	228	76	良	
5	003	电商1班	孙小萌	女	75	86	62	223	74	中	
6	004	电商1班	胡菲菲	女	65	95	70	230	77	良	
7	005	电商1班	谷月	女	84	95	83	262	87	优	
8	006	电商1班	武磊磊	男	93	83	72	248	83	优	
9	007	电商2班	张方	男	65	71	86	222	74	中	
10	008	电商2班	李小栋	女	55	72	71	198	66	及格	
11	009	电商2班	马思思	女	89	76	35	200	67	及格	
12	010	电商2班	方明华	男	84	87	86	257	86	优	
13	011	电商2班	周小小	女	81	80	80	241	80	优	
14	012	电商2班	钱幼多	男	76	55	92	223	74	中	
15	013	电商2班	刘明达	男	71	67	97	235	78	良	
16	014	电商2班	杜小月	女	70	60	76	206	69	及格	
17				最高分							
18				最低分							

图 4-70　对平均分进行评价

(11) 最后对【数学】、【英语】和【化学】进行最高分和最低分的求值，最终效果如图 4-71 所示。

E17				f_x =MAX(E3:E16)						
	A	B	C	D	E	F	G	H	I	J
1					考试成绩表					
2	学号	班级	姓名	性别	数学	英语	化学	总分	平均分	评价
3	001	电商1班	陈林	男	75	70	95	240	80	优
4	002	电商1班	赵又恩	男	95	88	45	228	76	良
5	003	电商1班	孙小萌	女	75	86	62	223	74	中
6	004	电商1班	胡菲菲	女	65	95	70	230	77	良
7	005	电商1班	谷月	女	84	95	83	262	87	优
8	006	电商1班	武磊磊	男	93	83	72	248	83	优
9	007	电商2班	张方	男	65	71	86	222	74	中
10	008	电商2班	李小栋	女	55	72	71	198	66	及格
11	009	电商2班	马思思	女	89	76	35	200	67	及格
12	010	电商2班	方明华	男	84	87	86	257	86	优
13	011	电商2班	周小小	女	81	80	80	241	80	优
14	012	电商2班	钱幼多	男	76	55	92	223	74	中
15	013	电商2班	刘明达	男	71	67	97	235	78	良
16	014	电商2班	杜小月	女	70	60	76	206	69	及格
17				最高分	95	95	97			
18				最低分	55	55	35			

图 4-71　最终效果

第5章　演示文稿 PowerPoint 2010

PowerPoint 2010 是美国微软公司生产的 Microsoft Office 2010 办公自动化套装软件之一，其操作使用比较简单，通过短期学习即可掌握电子文稿的使用和制作过程。由于文稿中可以带有文字、图像、声音、音乐、动画和影视文件，并且放映时以幻灯片的形式演示，所以在教学、学术报告和产品演示等方面应用非常广泛。PowerPoint 2010 软件功能强大，即使从未使用过 Microsoft Office 2010 办公软件，也很容易上手。借助它可以在最短的时间内完成一份图文并茂、生动活泼的演示文稿，还可以设置声音与动画效果，让文稿不再是一成不变的文字内容。

◇ **本章知识点**

掌控演示文稿的一些基本操作，对 PowerPoint 2010 的工作环境有个清楚的认识。

掌握幻灯片的创建与编辑。

掌握一些简单的动画设置，能够创建幻灯片的超链接。

掌握演示文稿的放映方式与幻灯片的切换效果。

5.1　PowerPoint 2010 基本操作

5.1.1　PowerPoint 2010 的功能

PowerPoint 2010 与早期的 PowerPoint 版本相比新增了许多功能，主要表现在以下三个方面。

1. 轻松快捷的制作环境

- 通过幻灯片中插入的图片等对象自动调整幻灯片的版面设置。
- 通过快捷的任务窗格对演示文稿进行编辑和美化。
- 提供可见的辅助网格功能。
- 在打印之前可以预览输出效果。
- 在幻灯片视图中，可以通过左侧列表的幻灯缩略图快速浏览幻灯片内容。
- 具有文字自动调整功能，同一演示文稿可用多个设计模版效果。

2. 强大的图片处理功能

- 可以同时改变多个图片大小，并自动自由旋转。
- 可以插入种类繁多的组织结构图和图表等，并添加样式、文字和动画等效果。
- 可以将背景或选取部分内容直接保存为图片，并可创建 PowerPoint 2010 相册，从而方便以后图片的插入和选取。

3. 全新的动画效果和动画方案

· 提供了比旧版本 PowerPoint 更加丰富多彩的动画效果。

· 提供了操作便捷的动画方案任务窗格，只需选择相应的动画方案即可创建出专业的动画效果。

· 可以自定义个性化的任务窗格。

5.1.2　PowerPoint 2010 窗口的组成

PowerPoint 2010 的窗口由快速访问工具栏、标题栏、功能区、【帮助】按钮、工作区、状态栏和视觉栏等组成。

1. 功能区

功能区位于快速访问工具栏的下方，功能区包含的选项卡主要有【开始】、【插入】、【设计】、【切换】、【动画】、【幻灯片放映】、【审阅】、【视图】和【加载项】等 9 个选项卡。

(1) 【开始】选项卡：包括【剪贴板】、【幻灯片】、【字体】、【段落】、【绘图】，如图 5-1 所示。通过它们可以对幻灯片的字体和段落进行相应的设置。

图 5-1　【开始】选项卡

(2) 【插入】选项卡：包括【表格】、【图像】、【插图】、【链接】、【文本】、【符号】和【媒体】等，如图 5-2 所示。通过【插入】选项卡的【表格】和【图像】等相关设置，可以将幻灯片图文并茂地显示在浏览者的眼前。

图 5-2　【插入】选项卡

(3) 【设计】选项卡：包括【页面设置】、【主题】和【背景】等，如图 5-3 所示。通过【设计】选项卡，可以设置幻灯片的页面和颜色。

图 5-3　【设计】选项卡

(4)【切换】选项卡：包括【预览】、【切换到此幻灯片】和【计时】等，如图 5-4 所示。通过【切换】选项卡，可以对幻灯片进行切换、更改和删除等操作。

图 5-4　　【切换】选项卡

(5)【动画】选项卡：包括【预览】、【动画】、【高级动画】和【计时】等，如图 5-5 所示。通过【动画】选项卡，可以对动画进行增加、修改和删除等操作。

图 5-5　　【动画】选项卡

(6)【幻灯片放映】选项卡：包括【开始放映幻灯片】、【设置】和【监视器】等，如图 5-6 所示。通过【幻灯片放映】选项卡，可以对幻灯片的放映模式进行设置。

图 5-6　　【幻灯片放映】选项卡

(7)【审阅】选项卡：包括【校对】、【语言】、【中文简繁转换】、【批注】和【比较】等，如图 5-7 所示。通过【审阅】选项卡可以检查拼写，更改幻灯片中的语言。

图 5-7　　【审阅】选项卡

(8)【视图】选项卡：包括【演示文稿视图】、【母版视图】、【显示】、【显示比例】、【颜色/灰度】、【窗口】和【宏】等，如图 5-8 所示。使用【视图】选项卡可以查看幻灯片母版和备注母版，进行幻灯片浏览，以及相应的颜色或灰度设置等操作。

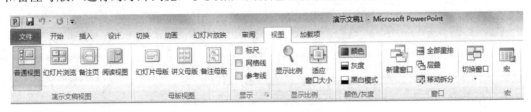

图 5-8　　【视图】选项卡

(9)【加载项】选项卡：包括【菜单命令】等组。

2. 工作区

PowerPoint 2010 的工作区包括位于左侧的【幻灯片/大纲】窗格，以及位于右侧的【幻灯片】窗格和【备注】窗格，如图 5-9 所示。

(1)【幻灯片/大纲】窗格：在普通视图模式下，【幻灯片/大纲】窗格位于【幻灯片】窗格的左侧，用于显示当前幻灯片的数量和位置。【幻灯片/大纲】窗格包括【幻灯片】和【大纲】两个选项卡，单击选项卡的名称可以在不同的选项卡之间切换。

(2)【幻灯片】窗格：位于 PowerPoint 2010 工作界面的中间，用于显示和编辑当前的幻灯片，可在虚线边框标识占位符中添加文本、音频、图像和视频等对象。

(3)【备注】窗格：可在普通视图中显示，用于输入关于当前幻灯片的备注。

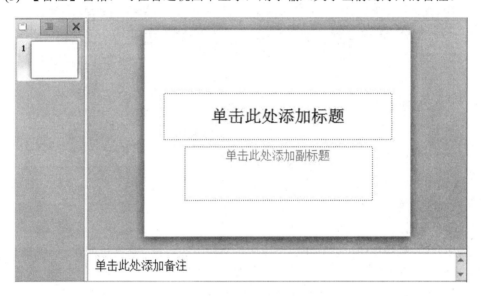

图 5-9　Powerpoint 2010 的工作区

5.1.3　PowerPoint 2010 的视图

视图是演示文稿在屏幕上的显示方式。PowerPoint 2010 提供了 6 种模式的视图，分别是普通视图、幻灯片浏览视图、备注页视图、幻灯片放映视图、阅读视图和母版视图。在此，我们介绍其中的 4 种。

1. 普通视图

普通视图是主要的编辑视图，可以用于书写和设计演示文稿。普通视图包含【幻灯片】选项卡、【大纲】选项卡、【幻灯片】窗格和【备注】窗格 4 个工作区域。图 5-9 所示的工作区就是一个标准的普通视图。

2. 幻灯片浏览视图

幻灯片浏览视图可以查看缩略图形式的幻灯片。此视图在创建演示文稿以及准备打印文稿时，可以对演示文稿的顺序进行组织，如图 5-10 所示。

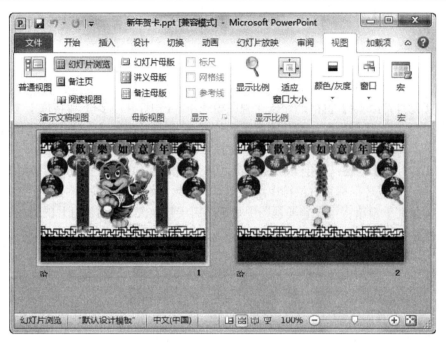

图 5-10　幻灯片浏览视图

3．阅读视图

在【视图】选项卡的【演示文稿视图】组中单击【阅读视图】按钮，或单击状态栏上的【阅读视图】按钮都可以切换到阅读视图模式。

4．母版视图

通过幻灯片母版视图可以制作和设计演示文稿中的背景、颜色和视频等。单击【视图】选项卡【母版视图】组中的【幻灯片母版】按钮，如图 5-11 所示，就会进入母版视图。

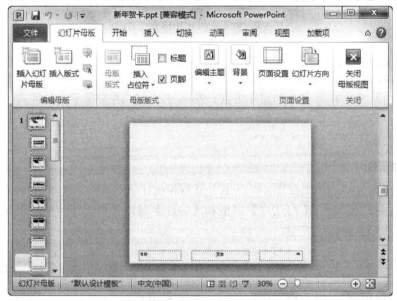

图 5-11　幻灯片母版视图

5.2   演示文稿的制作

演示文稿的制作主要包括：幻灯片的编辑、文本编辑、文本格式的设置、美化幻灯片等操作。

5.2.1   幻灯片的编辑

1. 新建幻灯片

在编辑演示文稿的过程中，用户可以根据需要随时添加和删除幻灯片。打开或新建一个演示文稿，默认会有一张幻灯片。如果要添加一个新的幻灯片，则点击【开始】选项卡，在【幻灯片】组中单击【新建幻灯片】按钮的上半部分，则可以快速新建一个幻灯片；如果点击的是下半部分，则会弹出【主题】列表，在列表中可以选择新建幻灯片的布局，如图 5-12 所示。

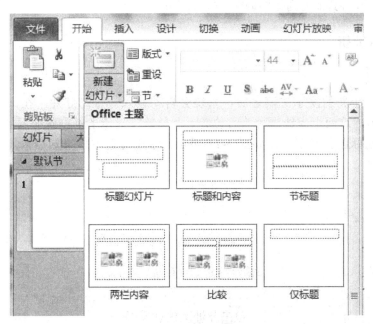

图 5-12   新建幻灯片命令

2. 更改幻灯片版式

幻灯片版式是幻灯片内容的布局结构，并指定某张幻灯片上使用哪些占位符框，以及应该摆放在什么位置。在编辑幻灯片的过程中，如果需要将它们更改为其他版式，则可以在【开始】选项卡的【幻灯片】组中单击【版式】按钮来设置其版式。

3. 删除幻灯片

编辑演示文稿的过程中，对于多余的幻灯片，可将其删除。选中需要删除的幻灯片，单击鼠标右键，在弹出的快捷菜单中单击【删除幻灯片】命令即可，也可以直接按下键盘上的【Delete】键进行删除。

4. 复制幻灯片

当用户需要插入相同格式或相同内容的幻灯片时，可以直接复制幻灯片，以极大地节约用户的时间。

选择需要复制的幻灯片，单击鼠标右键，在弹出的快捷菜单中选择【复制】命令，选中需要粘贴的幻灯片的前一张幻灯片，再次单击鼠标右键，在弹出的快捷菜单中选择【粘贴】命令。

5. 选择多个幻灯片

如果想要删除或复制多张幻灯片，只需要按下【Ctrl】键便可以在演示文稿左侧的【幻灯片缩略图】中选择多张幻灯片进行操作。按下【Ctrl + A】组合键，即可选中当前演示文稿中的全部幻灯片。

6. 调整幻灯片顺序

制作演示文稿的过程中，有时需要对幻灯片的顺序进行调整，用户只需要选中需要调整的幻灯片，并将其拖动到需要调整的位置即可。

5.2.2　文本编辑

1. 占位符

在创建一个新的演示文稿之后，系统会自动插入一张幻灯片。在该幻灯片中，共有两个虚线框，这两个虚线框称为占位符。占位符中显示【单击此处添加标题】和【单击此处添加副标题】的字样，如图 5-13 所示，单击标题占位符然后输入标题文本的内容即可。

图 5-13　标题占位符

2. 插入文本框

单击【插入】选项卡中【文本】组的【文本框】按钮，或单击【文本框】按钮下的下拉按键，选择要插入的文本框为横排文本框或垂直文本框，如图 5-14 所示。然后松开鼠标左键，显示出绘制的文本框，可直接在文本框内输入所要添加的文本。选中文本框，当光标变为【十】字时，就可以调整文本框的大小。

图 5-14　插入文本框

3. 移动文本位置

首先在想要移动文本的位置处单击，显示出文本框。然后，将鼠标移动到文本框的边框上，此时鼠标变为十字箭头形状，用鼠标将其拖动到一个新的位置，释放鼠标左键，即可完成对文本框的移动。

4. 复制和删除文本

如果是要删除整个文本框的内容，首先应把整个文本框选中，然后按下键【Delete】键，即可把整个文本框的内容删除。也可以将部分选中的文本进行删除。

复制文本还有撤消和恢复的操作，和前面讲到的 Word 的基本操作相同，这里不再一一重复说明。

5.2.3　文本格式的设置

在 PowerPoint 2010 中，文本格式的设置与 Word 较为相似。

1. 文本格式的设置

在【开始】选项卡的【字体】组中可设置文本格式，【字体】组中的按钮和 Word 的文本设置相同，这里不再进行复述。用户可以对文本的字体、字号和颜色等进行设置，如图 5-15 所示。

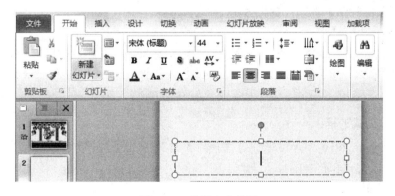

图 5-15　常用文本设置

2. 对齐方式的设置

单击【开始】选项卡的【段落】组中的【左对齐】按钮，即可将文本对齐。同理，可以设置文本的【居中对齐】、【右对齐】、【两端对齐】和【分散对齐】，如图 5-16 所示。

图 5-16　设置文本对齐方式

3. 缩进的设置

段落的缩进方式主要包括左缩进、右缩进、悬挂缩进和首行缩进。

(1) 首行缩进与悬挂缩进。

首先将光标定位在要设置的段落中，单击【开始】选项卡的【段落】组右下角的按钮，弹出【段落】对话框，如图 5-17 所示。然后在【段落】对话框的【缩进】区域的【特殊格式】下拉式列表中选择【首行缩进】或【悬挂缩进】选项，在该选项中输入相应的数值，单击【确定】按钮，即可完成段落的缩进设置。

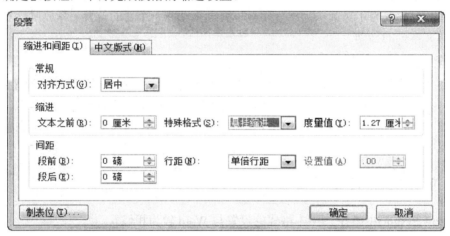

图 5-17　设置缩进

(2) 行间距的设置。

首先将光标定位在要设置的段落中，然后打开【段落】对话框，在【段落】对话框的【间距】区域的【段前】和【段后】文本框处分别输入相应的数值，在【行距】下拉式列表中选择【1.5 倍行距】选项，如图 5-18 所示，单击【确定】按钮完成行间距的设置。

图 5-18　设置行间距

4. 符号与公式的插入

在 PowerPoint 2010 中，可以通过【插入】选择卡的【符号】组中的【公式】和【符号】选项来完成公式和符号的插入操作。

(1) 符号的插入。

单击【插入】选项卡的【符号】组中的符号按钮，弹出【符号】对话框，如图 5-19 所示。在弹出的【符号】对话框中选择相应的符号，单击【插入】按钮即可完成符号的插入。

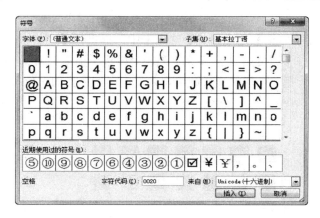

图 5-19　【符号】对话框

(2) 公式的插入。

单击【插入】选项卡的【符号】组中的【公式】按钮，会显示出一个新的选项卡。在这个选项卡中可以选择不同的公式按钮来输入公式，如图 5-20 所示。

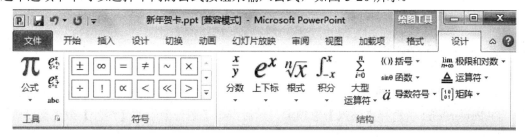

图 5-20　插入公式

5. 项目符号与编号

选定要设置的段落，或者将插入点置于段落中的任何位置，再单击【开始】选项卡中【段落】组的【项目符号】或【编号】按钮，在弹出的对话框中便可以选择不同类型的项目符号，在编号标签中也可以设置不同的编号方式。【项目符号和编号】对话框如图 5-21 所示。

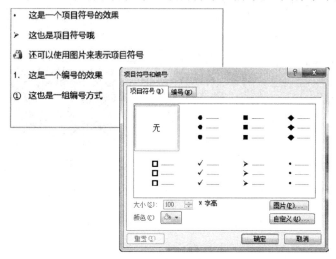

图 5-21　【项目符号与编号】对话框

6. 美化文本框

【占位符】或【文本框】的【格式】选项卡中，提供了【形状样式】组，允许用户设置占位符的各种外观。其中的【主题填充】列表中内置了很多 PowerPoint 的形状样式，在【主题填充】列表中选择一个形状样式即可将效果应用到选择的占位符上，如图 5-22 所示。

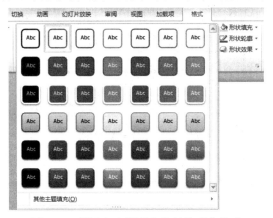

图 5-22　设置文本框或占位符的形状格式

5.2.4　美化幻灯片

1. 插入图片或剪贴画

在 PowerPoint 中选择【插入】选项卡，然后点击【图像】组的【图片】或【剪贴画】按钮，在弹出的对话框中选择要插入的图片，即可将图片直接插入到幻灯片中，此方法与 Word 中插入图片的方法相同。

2. 插入相册

选择【插入】选项卡，然后点击【图像】组的【相册】按钮，打开【新建相册】对话框，在弹出的对话框中选择要插入的图片，便可以将图片显示到列表中。在【相册】对话框中可以将即将插入的图片进行简单的编辑，如图 5-23 所示。

图 5-23　插入相册

3. 插入艺术字

在【插入】选项卡的【文本】组中点击【艺术字】按钮，在弹出的下拉菜单中有很多预设好的艺术字样式可供选择。选择好一个艺术字样式后，会在幻灯片中插入一个文本占位符，直接在该占位符中输入的文本内容就以选择的艺术字效果显示，如图 5-24 所示。

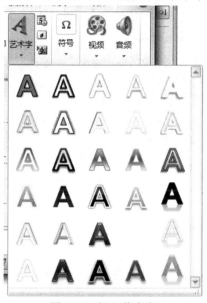

图 5-24　插入艺术字

4. 绘制形状

在【插入】选项卡的【插图】组中点击【形状】按钮，在弹出的下拉菜单中列出了 9 类预设的形状集，如图 5-25 所示。

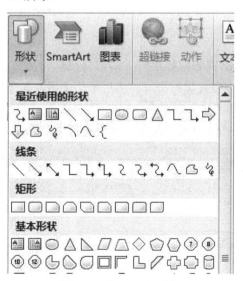

图 5-25　插入形状列表

单击其中任意一个想要绘制的图形，然后在幻灯片中需要的位置上进行拖动即可完成绘制。重复上面的步骤，可以在幻灯片中绘制多个不同的图形。

5. 幻灯片背景设置和填充颜色

选中幻灯片，单击【设计】选项卡【背景】组中的【背景样式】下三角按钮，在弹出的下拉式列表中选择【设置背景格式】命令，弹出【设置背景格式】对话框，如图 5-26 所示。

在【填充】区域中，可以设置【纯色填充】、【渐变填充】、【图片或纹理填充】、【图案填充】和【隐藏背景图形】的填充效果。

图 5-26 　【设置背景格式】对话框

5.3 演示文稿的动画设置

5.3.1 创建超链接

1. 链接到同一演示文稿中的幻灯片

首先在普通视图中选中要链接的文本，然后单击【插入】选项卡【链接】组中的【超链接】按钮，弹出【插入超链接】对话框，如图 5-27 所示。在【插入超链接】对话框中选择【本文档中的位置】，单击【确定】按钮，即可将文本链接到另一幻灯片。

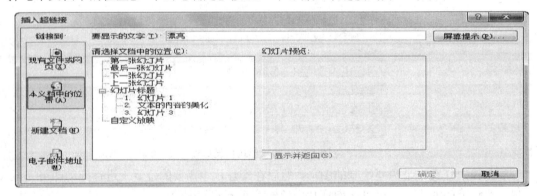

图 5-27 　创建演示文稿内部超链接

2. 链接到不同演示文稿的幻灯片

在普通视图中选中要链接的文本，单击【插入】选项卡【链接】组中的【超链接】按钮，在弹出的【插入超链接】对话框中选择【现有文件或网页】选项，选中要作为链接幻灯片的演示文稿，单击【确定】按钮即可。

5.3.2 动作按钮的使用

在 PowerPoint 2010 中，可以用文本或对象创建超链接，也可以用动作按钮创建超链接。

(1) 选择一张幻灯片，然后单击【插入】选项卡【插图】组中的【形状】按钮，在弹出的下拉式列表中选择【动作按钮】区域的【动作按钮】图标，如图 5-28 所示。

图 5-28 插入动作形状

(2) 当动作形状插入到幻灯片后，会自动弹出【动作设置】对话框。当然也可以单击鼠标右键，选择【编辑超链接】，弹出【动作设置】对话框，选择【单击鼠标】选项卡，在【单击鼠标时动作】区域中选中【超链接到】按钮，并在其下拉式列表中选择【下一张幻灯片】选项，如图 5-29 所示。

图 5-29 【动作设置】对话框

5.3.3 使用动画方案

在 PowerPoint 2010 演示文稿中可将文本、图片、形状、表格、SmartArt 图形和其他对象制作成动画，赋予它们进入、退出、大小或颜色变化甚至移动等视觉效果。PowerPoint

2010 中有以下四种不同类型的动画效果：

(1)【进入】效果。例如，可以使对象逐渐淡入焦点，从边缘飞入幻灯片或者跳入视图中。

(2)【退出】效果。这些效果的示例包括使对象缩小或放大，从视图中消失或者从幻灯片中旋出。

(3)【强调】效果。这些效果的示例包括使对象缩小或放大，更改颜色或沿着其中心旋转。

(4)【动作路径】。使用这些效果可以使对象上下移动、左右移动或者沿着星形或圆形图案移动。

1．动画的创建

动画的创建步骤如下：

(1) 选中要添加动画的文本或图片。

(2) 单击【动画】选项卡【动画】组中的【其他】按钮，在弹出的下拉式列表中选择【进入】区域的【飞入】选项，创建进入的动画效果，如图 5-30 所示。添加动画效果后，文字或图片对象前面会显示一个动画编号标记。

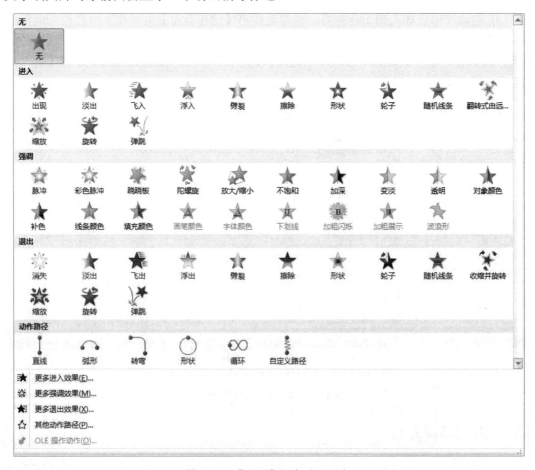

图 5-30　【动画】组中动画列表

2. 动画顺序的调整

动画顺序的调整步骤如下：

(1) 单击【动画】选项卡【高级动画】组中的【动画窗格】按钮，弹出【动画窗格】窗口，如图 5-31 所示。

(2) 在【动画窗格】窗口中选择需要调整顺序的动画，如选择动画 2，然后单击【动画窗格】窗口下方【重新排序】命令左侧或右侧的向上或向下按钮进行调整。

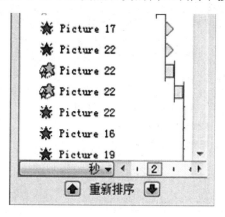

图 5-31　对动画的顺序进行排序

3. 动画时间的设置

创建动画之后，可以在【动画】选项卡上为动画指定开始、持续时间和延迟设置，如图 5-32 所示。

图 5-32　对动画元素设置计时

5.4　演示文稿的放映

幻灯片的放映方式包括演讲者放映、观众自行浏览和展台浏览。

5.4.1　设置放映方式

设置放映方式如下：

(1) 打开已编辑好的幻灯片，单击【幻灯片放映】选项卡【设置】组中的【设置幻灯片放映】按钮，弹出【设置放映方式】对话框，如图 5-33 所示。

(2) 在【设置放映方式】对话框的【放映类型】区域中选中【演讲者放映(全屏幕)】，在【设置放映方式】对话框的【放映选项】区域中可以设置放映时是否循环放映、放映时是否加旁白及动画等。

（3）在【放映幻灯片】区域中可以选择放映全部幻灯片，也可以选择幻灯片放映的范围。在【换片方式】区域中设置换片方式，可以选择手动或者根据排练时间进行换片。

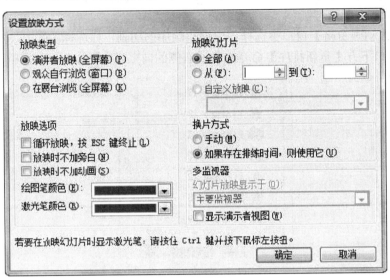

图 5-33　【设置放映方式】对话框

5.4.2　幻灯片的切换

在 PowerPoint 中，用户可以方便地为幻灯片添加切换动画，在【切换】选项卡中单击【切换到此幻灯片】组中的【切换方案】按钮，在弹出的菜单中选择切换方案即可。按下【预览】按钮则可以预览切换的效果，如图 5-34 所示。

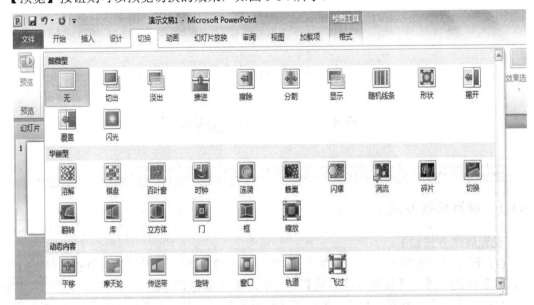

图 5-34　PowerPoint 提供了多种不同的幻灯片切换效果

5.5　实训项目：公司宣传报告

公司宣传报告的制作步骤如下：

(1) 启动 PowerPoint 2010，新建一个空的演示文稿，然后切换到【设计】选项卡，选择一个主题样式，如图 5-35 所示。

图 5-35　设置演示文稿应用主题

(2) 在标题和副标题的文本框中输入如图 5-36 所示的文本内容，然后将标题文本框中的文本大小设置为 36，副标题的文本大小设置为 18。

图 5-36　输入标题文本内容

(3) 新建一个版式为【标题和内容】的幻灯片，在此幻灯片中输入如图 5-37 所示的文本内容。

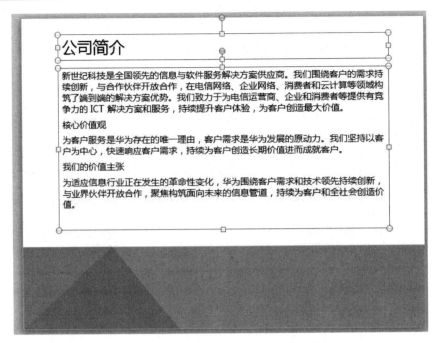

图 5-37　在第 2 张幻灯片中输入相应的文本内容

(4) 创建第 3 张幻灯片，在副标题文本框中点击中间的【插入 SmartArt 图形】按钮，如图 5-38 所示。

图 5-38　插入 SmartArt 图形

(5) 在弹出的对话框中选择【层次结构】中的【组织结构图】，如图 5-39 所示。

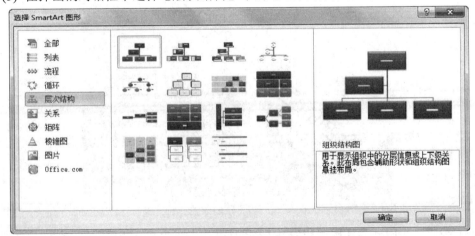

图 5-39　插入组织结构图

(6) 在组织结构中输入相应的文本内容和结构，然后将布局和样式进行如图 5-40 所示的样式编辑。

更改颜色
布局
SmartArt 样式
公司组织结构
总经理
市场部
技术部
行政部
呼叫中心
客户服务
技术培训
售后支持
财务部
商务部

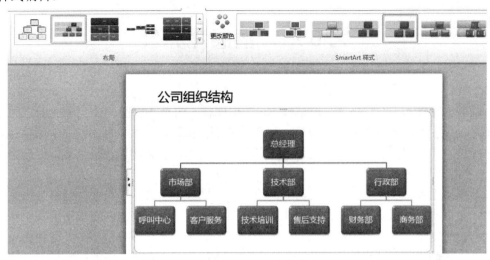

图 5-40　输入组织结构效果

(7) 选择第 2 张幻灯片，将【核心价值观】和【我们的价值主张】这两段文本选中，在【格式】选项卡中设置为艺术字效果，并将这两段文字的大小设置为 28 号，最终的效果如图 5-41 所示。

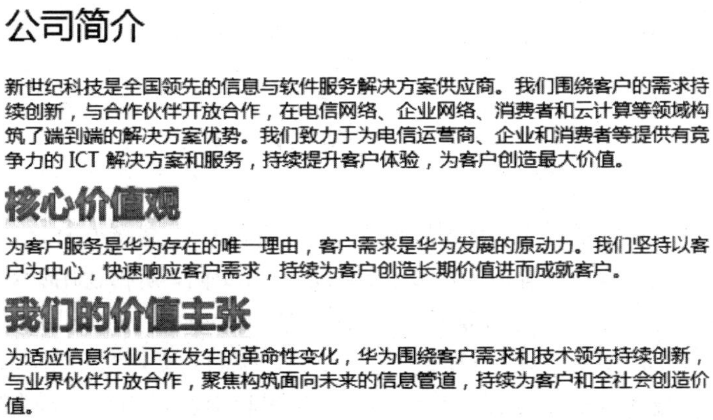

公司简介
新世纪科技是全国领先的信息与软件服务解决方案供应商。我们围绕客户的需求持续创新，与合作伙伴开放合作，在电信网络、企业网络、消费者和云计算等领域构筑了端到端的解决方案优势。我们致力于为电信运营商、企业和消费者等提供有竞争力的 ICT 解决方案和服务，持续提升客户体验，为客户创造最大价值。
核心价值观
为客户服务是华为存在的唯一理由，客户需求是华为发展的原动力。我们坚持以客户为中心，快速响应客户需求，持续为客户创造长期价值进而成就客户。
我们的价值主张
为适应信息行业正在发生的革命性变化，华为围绕客户需求和技术领先持续创新，与业界伙伴开放合作，聚焦构筑面向未来的信息管道，持续为客户和全社会创造价值。

图 5-41　对文本做艺术字效果

(8) 切换到【切换】选项卡，如图 5-42 所示，设置切换方式为【动态内容】中的【轨道】效果，然后选择【全部应用】，这样所有的幻灯片切换效果就都设置完毕了。

文件
开始
插入
设计
切换
动画
幻灯片放映
审阅
视图
加载项
预览
传送带
旋转
窗口
轨道
飞过
效果选项
声音: [无声音]
持续时间: 01.60
全部应用
预览
切换到此幻灯片

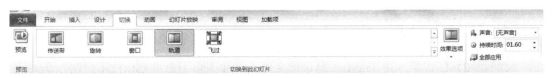

图 5-42　给幻灯片设置切换动画

第6章　信息化办公

随着信息技术、网络技术、通信技术、数据库技术的不断发展，21世纪企业之间的竞争不是仅仅在产品质量和服务上竞争，更重要的是借助信息技术、网络技术、通信技术、数据库技术与管理理念结合起来提高企业的核心竞争力，快速响应市场需求。促进企业各机构、各部门、各员工之间的协作能力和沟通能力。

一个"简单、实用、开放、灵活"的协同办公平台已然成为了企业办公信息化建设的重中之重，实现将组织与异地的分支机构、人与人、上下级部门之间组成了网状结构，可以保持实时联系；网络中的每个人身处异地仍能及时了解和处理单位事务，即使相隔万里的多个人之间也可以同步协调工作，从而使组织内的经验、知识、资源得到最充分的共享利用；各种信息的上传下达实现无损耗、无延迟的完美传递。

◇　**本章知识点**

了解网络的组建和设置方法。

掌握网络共享资源的设置方法。

熟练掌握IE浏览器的使用方法。

熟练掌握电子邮件的使用方法。

6.1　网　络　组　建

随着计算机网络技术的普及，利用联网实现办公自动化，并将办公自动化应用到家庭、企业、政府等单位已成为一种迫切的需要。所谓办公自动化，是指运用计算机及相关外设，有效地管理和传输各种信息，达到提高工作效率的目的。办公自动化网络是一个中小型的局部网络。办公自动化网络系统是自动化无纸办公系统的重要组成部分。办公网络建设的前提在于应用信息技术、信息资源、系统科学、管理科学、行为科学等先进的科学技术，不断使人们借助于各种办公设施(主要是指计算机)，实现工作的统一管理。信息资源的开发与利用是办公网络建设的根本，以行为科学为指导，以系统科学、管理科学、社会学等为理论基础，以计算机、通信等信息技术为工具，提供对企业整体办公的操作、管理、宏观调控和辅助分析决策。

6.1.1　宽带连接设置

通过ADSL拨号连接Internet是目前家庭用户和中小型企事业单位用户接入Internet所采用最多的方式之一，如何配置一台计算机能够成功连接Internet成了首要的问题。

如图6-1所示，首先我们需要准备好以下条件：

(1) 安装了 Windows 操作系统的计算机 1 台。

(2) ADSL Modem 设备 1 台。

(3) 5 类或超 5 类双绞线 1 根，电话线 1 根。

(4) 向运营商申请并开通 ADSL 电话线路 1 条。

(5) 运营商提供用于 ADSL 连接的用户账号和密码。

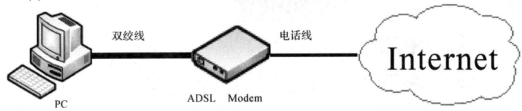

图 6-1　拨号上网示意图

接着按以下步骤操作：

第一步，线路连接。将电话线的一端连接墙面插座，另一端连接至 ADSL Modem 的 RJ-11 端口，即电话线路端口。再将双绞线一端连接计算机网卡接口，另一端连接至 ADSL Modem 的 RJ-45 端口，即网络接口。线路连接好之后，即可打开计算机和 ADSL Modem 的电源，观察 ADSL Modem 和网卡指示灯是否正常闪动。

第二步，在计算机上配置宽带连接。通过【控制面板】中【网络和 Internet】，打开【网络和共享中心】，如图 6-2 所示。

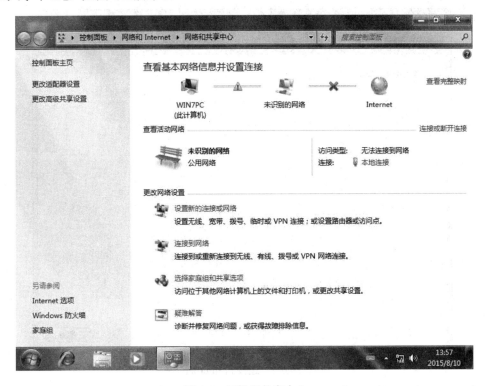

图 6-2　网络和共享中心

第三步，点击【设置连接或网络】，打开向导，单击【连接到 Internet】，如图 6-3 所示。

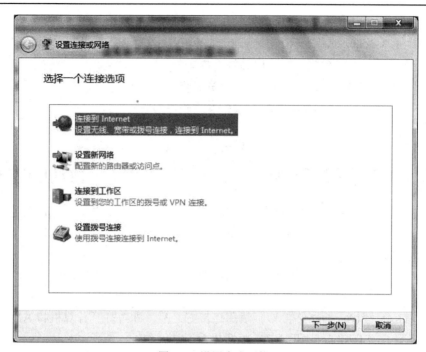

图 6-3　设置生成网络

第四步，在对话中选择宽带 PPPoE，如图 6-4 所示。

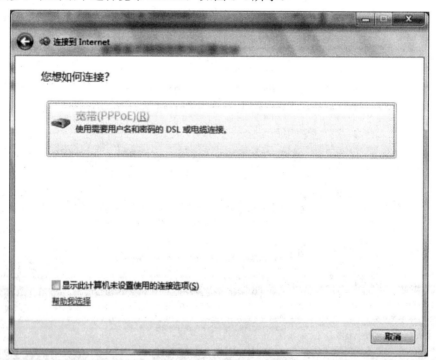

图 6-4　连接到 Internet

第五步，输入您在 ISP 所申请获得的相关账号与密码信息，填入对应的输入框中，单击【连接】按钮，如图 6-5 所示。

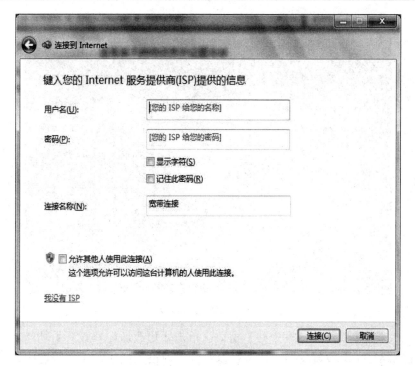

图 6-5　账号输入设置

第六步，等待系统完成宽带连接的设置，单击"关闭"即可，如图 6-6 所示。

图 6-6　完成设置

当完成了以上设置之后，网络连接窗口中会出现一个新的"宽带连接"图标，桌面上也会出现一个与之对应的快捷方式图标，如图 6-7 所示。

图 6-4　宽带连接图标

第七步，打开【网络和共享中心】窗口，单击【更改适配器设置】功能，如图 6-8 所示。打开【网络连接】设置窗口，其中可以看到之前设置完成的【宽带连接】图标，如图 6-9 所示。

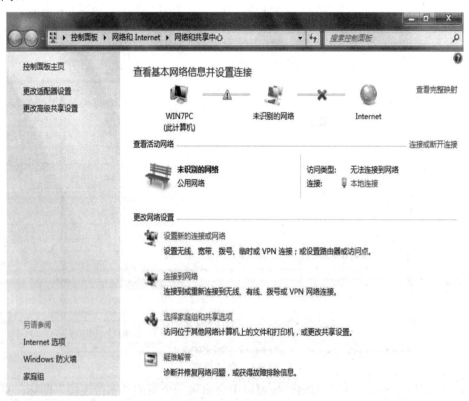

图 6-8　网络和共享中心

图 6-9　网络连接

第八步，右键单击【宽带连接】图标，选择【连接】，如图 6-10 所示。打开连接对话框，点击【连接】按钮，打开【宽带连接】对话框，确认其中所填的用户账号和密码信息，点击【连接】按钮即可，如图 6-11 所示。

图 6-10　"宽带连接"图标

图 6-11　连接拨号宽带

6.1.2　桌面路由器设置

现在一般家庭都有好几台电脑，有台式机、笔记本，因此使用无线宽带路由器(单反数码)共享上网成为了大家的必由之路。目前，家用路由器价格很便宜，常见的品牌有D-LINK、TP-LINK、LINKSYS 等，便宜的在 100 元左右，稍贵些的在 300 元左右。下面就以 TP-LINK 的路由器为例介绍一下配置路由器的方法。

准备工作如下：

(1) 安装了 Windows 操作系统的计算机多台。

(2) ADSL Modem 设备 1 台。

(3) 宽带路由器设备 1 台。

(4) 5 类或超 5 类双绞线多根，电话线 1 根。

(5) 向运营商申请并开通 ADSL 电话线路 1 条。

(6) 运营商提供用于 ADSL 连接的用户账号和密码。

连接和设置方法如下：

(1) 将线路连接好，WAN 口接通外网(即 ADSL 或别的宽带)，LAN 口接内网网线(即用网线连接到 PC 或笔记本)，如图 6-12 所示。

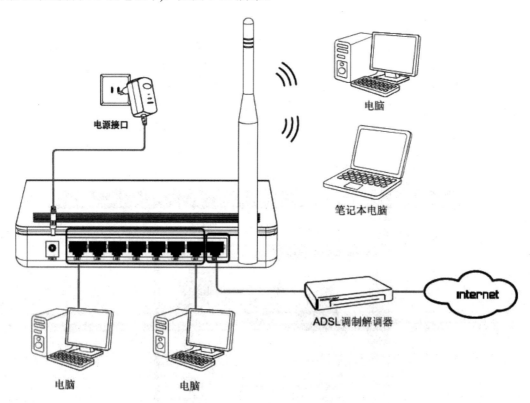

图 6-12　共享上网连接示意图

(2) 打开网络与共享中心，如图 6-13 所示。点击【更改适配器设置】，在新弹出的窗口中，右键单击【本地连接】，选择【属性】，如图 6-14 所示。

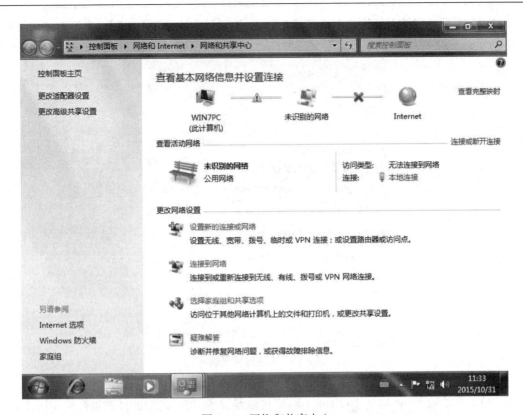

图 6-13　网络和共享中心

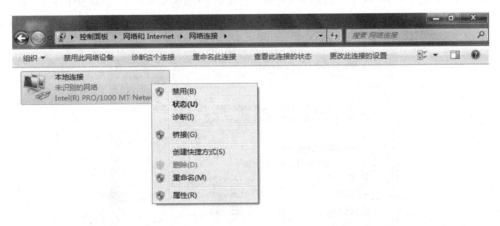

图 6-14　本地连接图标

(3) 在随后出现的对话框中，选择【Internet 协议版本 4(TCP/IPv4)】，左键双击，如图 6-15 所示。

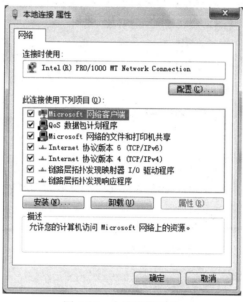

图 6-15　本地连接属性

(4) 在弹出的新对话框中选择【使用下面的 IP 地址(S)】和【使用下面的 DNS 服务器 地址(E)】。手动输入 IP 地址 192.168.1.X(X 可以是 2 至 254 之间的任意整数)，网关地址 192.168.1.1(每个路由器都有自己的管理 IP 地址，不同品牌的 IP 地址不同，一般都是 192.168.1.1，若不同可查阅设备说明书或用户手册即可)，DNS 地址请咨询网络运营商，填 入本地电信运营商所提供的指定 DNS，如图 6-16 所示。

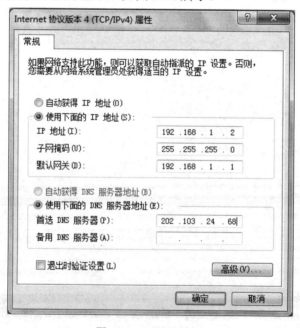

图 6-16　IP 地址设置

（5）单击【确定】后，将退回到上一对话框，然后再次点击【确定】，最后关闭全部的窗口回到桌面。

（6）打开 IE 浏览器，在地址栏中输入 http://192.168.1.1，然后再按回车键，如图 6-17所示。

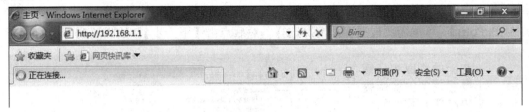

图 6-17　连接路由器管理界面

（7）随后将弹出一个新的对话框，输入默认的用户名和密码。通常设备的用户名和密码相同，均为 admin（一般情况下，大多数厂商设置的初始管理用户账号和密码均为 admin，如有不同，请查阅设备使用说明书或用户手册），输入后单击【确定】就进入路由器的访问界面了，如图 6-18 所示。

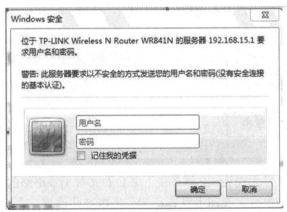

图 6-18　登录路由器

（8）随后即进入路由器设备的设置主界面，可通过左侧菜单栏中的各选项对路由器进行相关的设置。如果是第一次进入路由器进行设置，可选择设置向导。单击"设置向导"，将进入设备的设置界面。这时，右侧内容区将可看到一个设置向导的对话框，如图 6-19 所示。

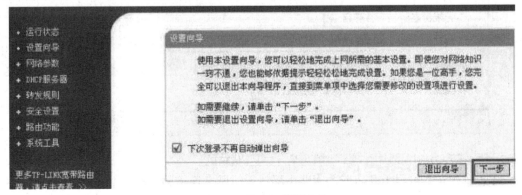

图 6-19　路由器设置向导

(9) 点击【下一步】，出现新的对话框，一般情况下，路由器支持三种常用的上网方式。如果上网方式为动态 IP，即可以自动从网络服务商(例如：中国电信)获取 IP 地址，则选择【以太网宽带，自动从网络服务商获取 IP 地址(动态 IP)】；如果上网方式为静态 IP，即拥有网络服务商(例如：中国电信)提供的固定 IP 地址，则选择【以太网宽带，网络服务商提供的固定 IP 地址(静态 IP)】；如果上网方式为 ADSL 虚拟拨号方式，则选择【ADSL 虚拟拨号(PPPoE)】。这里需要根据实际情况选择，然后点击【下一步】，如图 6-20 所示。

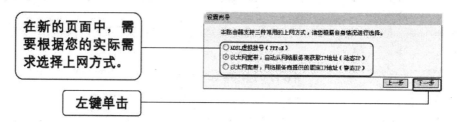

图 6-20　上网方式选择

(10) 在出现的对话框中分别输入电信运营商提供的 ADSL 上网账号和口令，注意这里输入的并非登录路由器的用户名和密码。点击【下一步】，如图 6-21 所示。

图 6-21　上网账号和密码设置

(11) 如果路由器支持无线连接，那么接下来会看到对无线网络的相关参数设置的对话框。如局域网内用户均没有无线网卡设备，那么可跳过此设置，直接点击【下一步】，但推荐将无线状态设置为【禁用】或【关闭】，如图 6-22 所示。

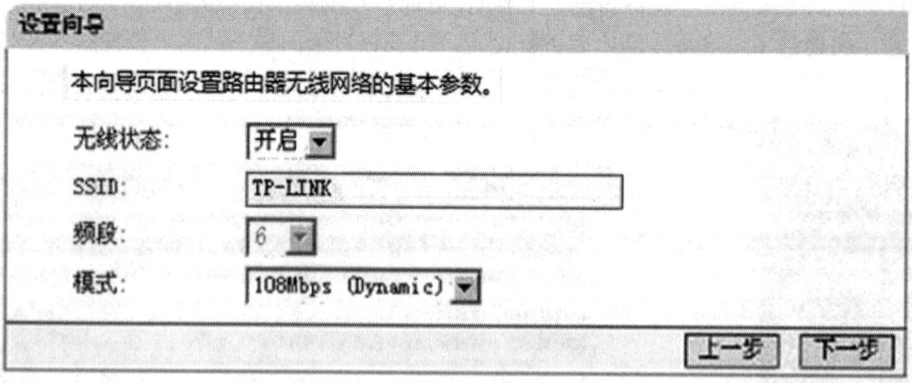

图 6-22　无线连接设置

【无线状态】可用于开启或关闭路由器对无线网卡连接的支持功能；SSID 可设置为任意字符串来标明无线网络，即无线网卡在搜索可用连接时能见到的无线网络名称；【信道】可用于设置路由器的无线信号频率段，一般推荐使用 1、6、11 频段；【模式】可用于设置路由器最大传输速率或无线工作模式。

(12) 点击【完成】，即可完成设置向导，如图 6-23 所示。

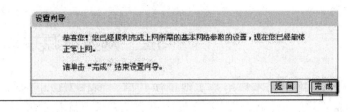

图 6-23　设置向导完成

(13) 如需让局域网中其他用户均能共享该拨号连接上网，这里有两种方法可参考。第一种方法是启动路由器的 DHCP 功能，为共享上网的计算机自动分配一个 IP 地址。这种方法的设置简单，但存在一定安全性隐患。第二种方法是不使用 DHCP 功能，由于此时路由器已对局域网内部 IP 地址段(192.168.1.0/24)提供了共享上网的功能，所以可为每台共享上网的计算机手动设置其网段(192.168.1.0/24)内的一个 IP 地址，也能达到共享上网的目的。这里我们选择较为简单的 DHCP 功能，点击左侧菜单栏中的【DHCP 服务器】选项，确认是否启用 DHCP 功能并查看 IP 地址段，如图 6-24 所示。

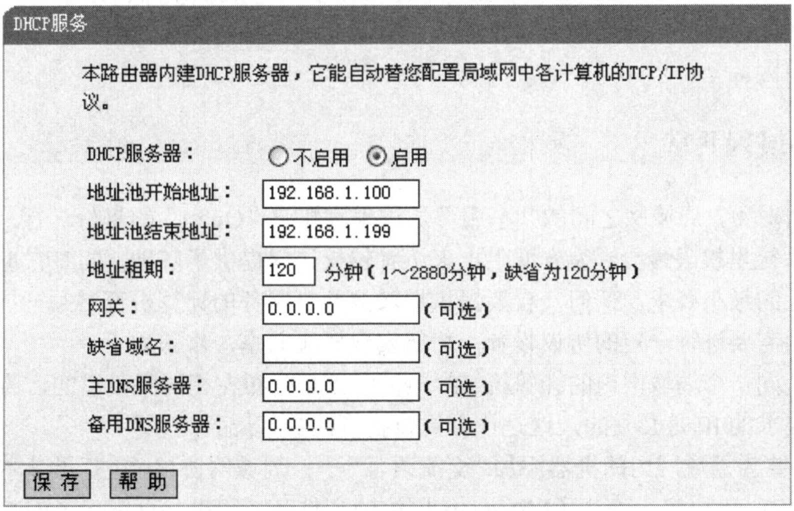

图 6-24　DHCP 功能设置

(14) 至此，ADSL 成功拨号连接之后，局域网内部的计算机均可共享上网了。

【例题】

1. 目前家庭用户接入 Internet 所采用最多的方式之一是_____。

A. 宽带连接　　　　　　　　　　　B. ADSL 拨号连接

C. 校园网　　　　　　　　　　　　D. 无线 WIFI

【答案】 B

2. 路由器支持三种常用的上网方式有_____。

A. 动态 IP、静态 IP、PPPoE   B. 动态 IP、静态 IP、专线上网

C. 动态 IP、专线上网、专线 IP   D. 静态 IP、专线上网、PPPoE

【答案】 A

6.2　网络资源共享

网络的基本作用是实现资源共享，而作为最小网络分布结构的局域网(Local Area Network，LAN)更是把这个概念淋漓尽致地发展起来了。

在局域网里，计算机要查找彼此并不是通过 IP 进行的，而是通过网卡 MAC 地址。MAC 地址是一组在生产时就固化的唯一标识号，根据协议规范，当一台计算机要查找另一台计算机时，它必须把目标计算机的 IP 通过 ARP 协议(地址解析协议)在物理网络中广播出去。"广播"是一种让任意一台计算机都能收到数据的数据发送方式，计算机收到数据后就会判断这条信息是不是发给自己的。当某计算机接收到"广播信息"后，会返回一条信息，当源计算机收到有效回应时，它就得知了目标计算机的 MAC 地址并把结果保存在系统的地址缓冲池里，下次传输数据时就不需要再次发送广播了，这个地址缓冲池会定时刷新重建，以免造成数据冗余现象。

共享协议规定局域网内每台启用了文件及打印机共享服务的计算机在启动的时候必须主动向所处网段广播自己的 IP 和对应的 MAC 地址，这就是我们能在网络邻居看到其他计算机的原因。

6.2.1　局域网共享

默认情况下，局域网之间的共享服务通过来宾账户"Guest"的身份进行，这个账户在 Windows 系统里权限最少，为方便阻止来访者越权访问提供了基础，同时它也是资源共享能正常进行的最小要求。任何一台要提供局域网共享服务的计算机都必须开放来宾账户。

局域网需要进行一定的协议设置，才能实现资源共享，步骤如下：

首先，同一个局域网内的计算机 IP 地址应该是分布在相同网段里的，为计算机配置一个符合要求的 IP 是必须的，这是计算机查找彼此的基础。

其次，要为局域网内的机器添加"交流语言"——局域网协议，包括最基本的 NetBIOS 协议和 NetBEUI 协议，确认【Microsoft 网络的文件和打印机共享】已经安装并为选中状态，确保系统安装了【Microsoft 网络客户端】。

然后，用户必须为计算机指定至少一个共享资源，如某个目录、磁盘或打印机等，完成了这些工作，计算机才能正常实现局域网资源共享的功能。

最后，计算机还必须开启一些用于通信连接会话的端口。如果这两个端口被阻止，对方计算机访问共享的请求就无法回应。

检查和设置计算机 IP 地址的方法如下：

(1) 打开【网络和共享中心】，单击【本地连接】选项，如图 6-25 所示。进入【本地连接状态】对话框，如图 6-26 所示，从中可以查看已发送和已接收的数据流量。

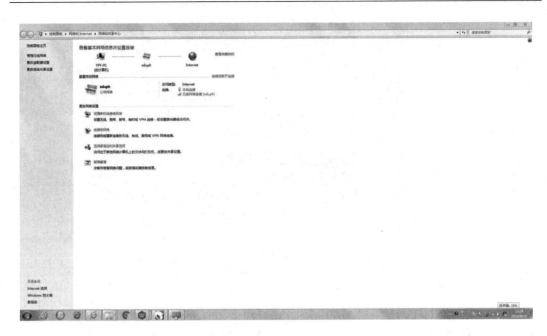

图 6-25　本地连接

图 6-26　本地连接状态

(2) 单击【属性】按钮，进入【本地连接属性】对话框，在该对话框中选中【Internet 协议版本 4(TCP/IPv4)】选项，如图 6-27 所示。

图 6-27　本地连接属性

（3）单击【属性】按钮，进入【Internet 协议版本 4(TCP/IPv4)属性】对话框，选中【使用下面的 IP 地址】就可以进入 IP 地址、子网掩码等参数的设置界面，如图 6-28 所示。如果网络中有服务器或路由器为该计算机动态分配 IP 地址、DNS 服务器地址等参数，则应该选择【自动获得 IP 地址】，否则必须手动输入 IP 地址、子网掩码、默认网关和 DNS 服务器地址信息。设置完成后，点击【确定】，关闭对话框。

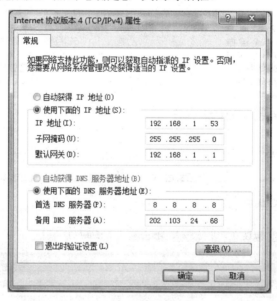

图 6-28　IP 地址设置

（4）如果采用局域网方式接入 Internet，并且网络连接 TCP/IP 参数配置正确，那么本机就可以和局域网中其他计算机进行通信；也可通过单击【开始】菜单，在【搜索程序和文件】中输入【cmd】指令切换到命令提示符窗口，如图 6-29 所示。在命令模式下输入【ipconfig】指令可以查看计算机 IP 地址、子网掩码、默认网关和 DNS 服务器地址等信息，如图 6-30 所示。

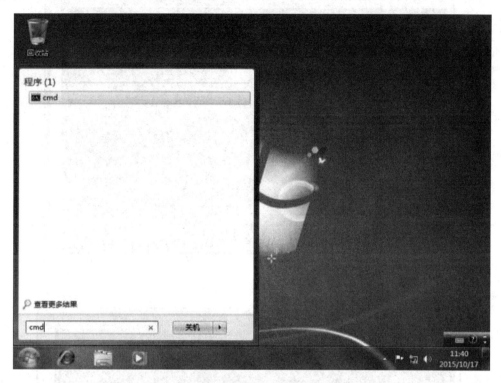

图 6-29　在"搜索程序和文件"中输入"CMD"指令

图 6-30　查看地址配置情况

(5) 在命令模式下输入指令【ping】，可以测试一下本机与其他局域网中的主机之间是否可以通信。若返回如图 6-31 所示类似画面，即可以通信；若返回如图 6-32 所示类似的画面，即不可通信。通常情况下是因为对方主机上的防火墙阻止导致网络不通，开放相应端口或关闭防火墙即可。

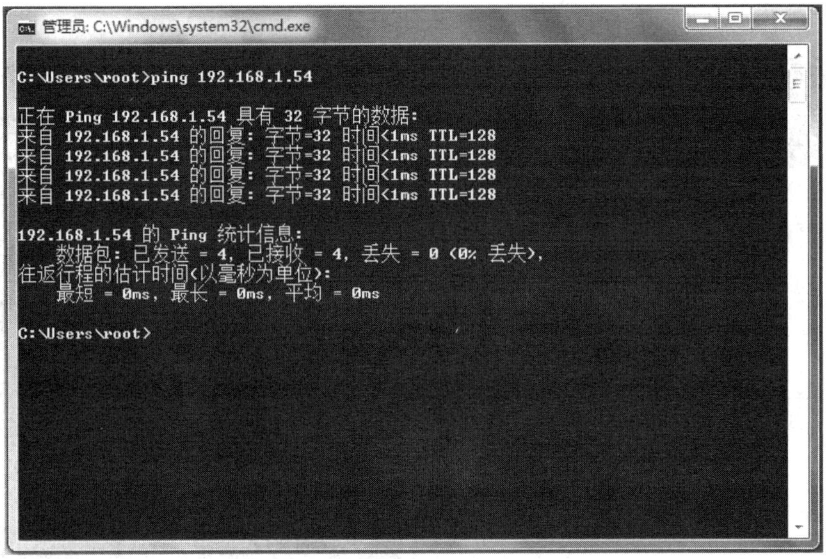

图 6-31　连接测试可以通信

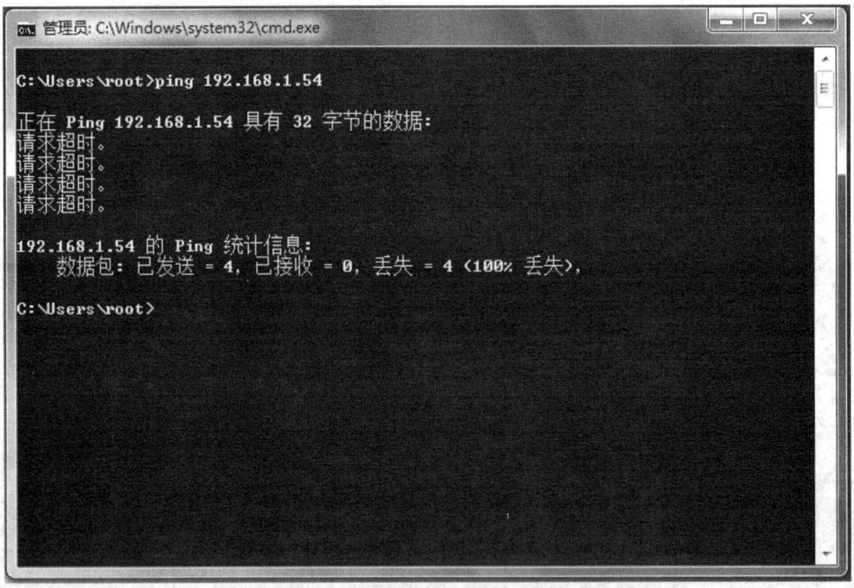

图 6-32　连接测试不可通信

6.2.2　共享文件夹

所谓共享文件夹，是指某个计算机用来和其他计算机间相互分享的文件夹，共享即分享。共享文件夹是网络应用中最广泛和最常见的一种操作，接下来介绍共享文件夹的设置方法，具体如下：

(1) 通过控制面板打开【网络和共享中心】选项，选择【更改高级共享设置】，如图 6-33 所示。

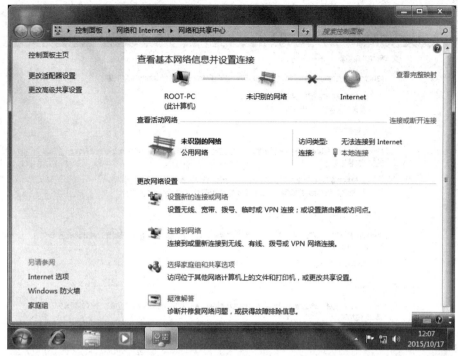

图 6-33　网络和共享中心

(2) 选择【公用】选项，并选择以下选项【启用网络发现】、【启用文件和打印共享】、【启用共享以便可以访问网络的用户可以读取和写入公用文件夹中的文件】(可以不选)、【关闭密码保护共享】，最后单击【保存修改】按钮，如图 6-34、图 6-35、图 6-36 所示。

图 6-34　【启用网络发现】和【启用文件和打印共享】

图 6-35　【启用共享以便可以访问网络的用户可以读取和写入公用文件夹中的文件】

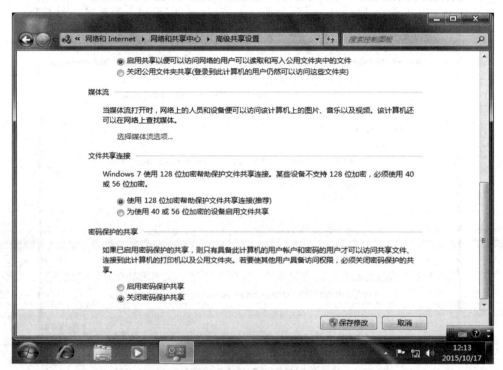

图 6-36　【关闭密码保护共享】

(3) 在【计算机】中找到需要共享的文件夹(请在计算机中自行创建)，例如 c:\share 文件夹，右键单击【属性】选项，在弹出的对话框的【共享】选项卡中，单击【共享】选项，如图 6-37 所示。

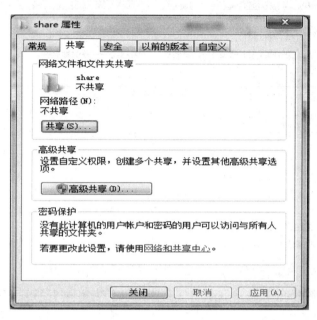

图 6-37　文件夹共享属性

(4) 在打开的对话框的空白框中输入【guest】，单击【添加】(选择【guest】是为了降低权限，以便所有用户都能访问)按键，然后点击【共享】按钮，如图 6-38 所示。

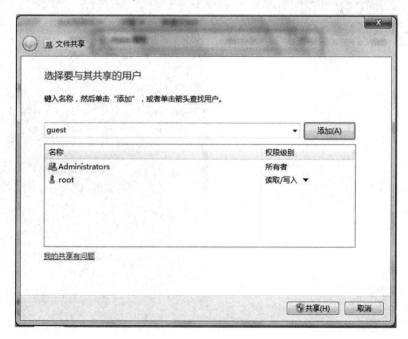

图 6-38　添加 "guest" 用户账户

（5）在文件共享对话框中单击【完成】，即可完成文件夹共享设置，如图6-39所示。

图 6-39   文件夹共享设置

（6）网络访问共享的用户在计算机【开始】菜单中输入IP地址，就可以查看和访问共享的文件夹了，如图6-40、图6-41所示。

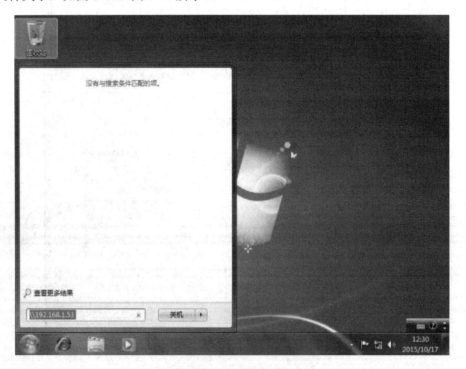

图 6-40   输入访问计算机的 IP 地址

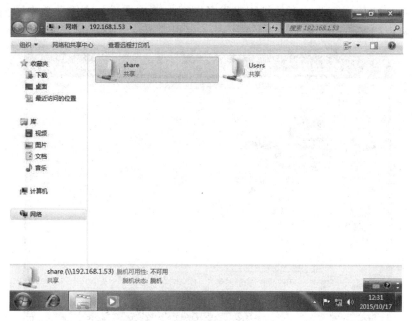

图 6-41　查看和访问共享文件夹

6.2.3　共享打印机

共享打印机是指将本地打印机通过网络共享给其他用户，这样其他用户也可以使用打印机完成打印任务的服务。在完成文件夹共享设置的基础上，我们可以很容易地设置打印机共享，其方法如下：

(1) 单击【开始】菜单上的"设备与打印机"，如图 6-42 所示。

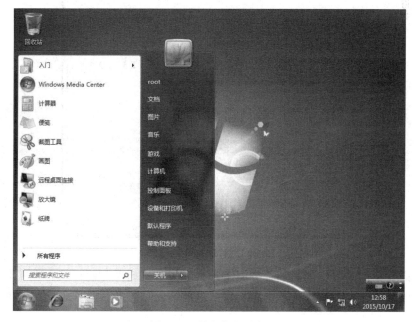

图 6-42　设备与打印机

(2) 在窗口中找到需要共享的打印机设备图标，单击右键，右键菜单中选择【打印机属性】，如图 6-43 所示。

图 6-43　打印机图标

(3) 在打开的打印机属性对话框中选择【共享】选项，勾选【共享这台打印】，并设置共享打印机名称，然后单击【确定】，如图 6-44 所示。

图 6-44　打印机共享属性

(4) 在需要访问共享打印机的计算机上添加和安装这台共享打印机，在【开始】菜单中输入 IP 地址，就可以访问共享资源，其中包括这台刚被共享的打印机，如图 6-45、图 6-46 所示。

图 6-45　访问共享打印机所在计算机的 IP 地址

图 6-46　查看共享的打印机

(5) 双击共享打印机图标，系统提示正在下载和安排打印机驱动程序，等待即可，如图 6-47 所示。

图 6-47　下载和安装共享打印机驱动程序

(6) 在共享打印机窗口中单击【文件】菜单下的【属性】选项，在弹出的共享打印机属性对话框中单击【打印测试页】按钮，进行打印测试，如图 6-48、图 6-49 所示。

图 6-48 共享打印机窗口

图 6-49 共享打印机属性

一般情况下，测试页的内容会在共享打印机上打印出来。如过程中有问题，通常是因为设置共享打印机的计算机中的防火墙配置不正确造成，可关闭防火墙软件重试。至此，已完成共享打印机的共享设置操作。

【例题】

1. 默认情况下，局域网之间的共享服务通过_____进行。

A. 管理员账户　　　　B. 所有用户账户　　　　C. 来宾账户　　　　D. 共享账户

【答案】 C

2. 网络应用中最广泛和最常见的一种操作是_____。

A. 共享文件　　　　B. 共享打印机　　　　C. 共享账户　　　　D. 共享应用程序

【答案】 A

6.3　互联网与安全

互联网(英语：internet)，又称网际网络，或音译为因特网、英特网，它是网络与网络之间所串连成的庞大网络，这些网络以一组通用协议相连，形成逻辑上的单一巨大国际网络。在这个网络中有交换机、路由器等网络设备，各种不同的连接链路，种类繁多的服务器和数不尽的计算机、终端。使用互联网可以将信息瞬间发送到千里之外的人手中，它是信息社会的基础。这种将计算机网络相互连接在一起的方法可称作"网络互联"，在这基础上发展出覆盖全世界的全球性网络称互联网，即是互相连接一起的网络结构。互联网并不等同万维网，万维网只是一个基于超文本相互链接而成的全球性系统，且是互联网所能提供的服务之一。

互联网的优点如下：

- 互联网能够不受空间限制进行信息交换。
- 信息交换具有时域性(更新速度快)。
- 交换信息具有互动性(人与人、人与信息之间可以互动交流)。
- 信息交换的使用成本低(通过信息交换，代替实物交换)。
- 信息交换趋向于个性化发展(容易满足每个人的个性化需求)。
- 使用者众多。
- 有价值的信息被资源整合，信息储存量大、高效、快。
- 信息交换能以多种形式存在(视频、图片、文章等等)。

互联网的功能如下：

- 通信功能，例如即时通信、电邮、微信、百度 HI 等。
- 社交功能，例如 Facebook、微博、人人、QQ 空间、博客、论坛等。
- 网上贸易功能，例如网购、售票、转账汇款、工农贸易等。
- 云端化服务功能，例如网盘、笔记、资源、计算等。
- 资源的共享化功能，例如电子市场、门户资源、论坛资源等，媒体(视频、音乐、文档)、游戏、信息等。
- 服务对象化功能，例如互联网电视直播媒体，数据及维护服务，物联网，网络营销等。

在实现联网办公时，由于覆盖面大，使用人员混杂，管理水平各异，往往不能保证公文在网络上安全传输和管理，还有一些人专门在网络上从事信息破坏活动，给国家、企业造成巨大的损失。常见的办公网络安全问题包括：

(1) 网络病毒的传播与感染。

(2) 黑客网络技术的入侵。

(3) 系统数据的破坏。

因此，加强网络安全，防止信息被泄露、修改和非法窃取成为当前网络办公自动化普及与应用迫切需要解决的问题。

6.3.1 IE 浏览器

Internet Explorer，简称 IE，是微软公司推出的集成于 Windows 操作系统中的一款网页浏览器软件。自 1995 年诞生以来，截至 2015 年，共有 11 个主版本。

1. 启动 IE 浏览器

启动方法有以下三种：

(1) 单击【快速启动工具栏】中的 IE 图标，如图 6-50 所示。

图 6-50　启动方法一

(2) 双击桌面上的 IE 图标，如图 6-51 所示。

图 6-51　启动方法二

(3) 单击【开始】按钮，在菜单中单击【所有程序】中的【Internet Explorer】，如图 6-52 所示。

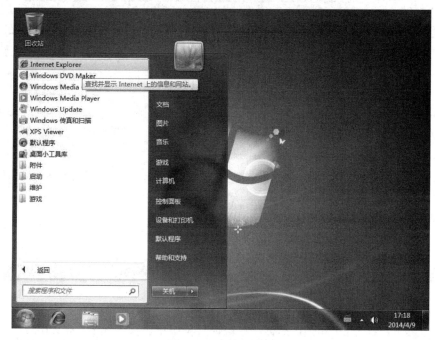

图 6-52　启动方法三

2. 关闭 IE 浏览器

关闭方法有四种，具体如下：

(1) 单击窗口右上角的【关闭】按钮，如图 6-53 所示。

图 6-53　关闭方法一

(2) 单击窗口左上角，在弹出的菜单中单击【关闭】，如图 6-54 所示。

图 6-54　关闭方法二

(3) 右键单击任务栏中的 IE 图标，在快捷菜单中单击【关闭】，如图 6-55 所示。

图 6-55　关闭方法三

(4) 直接按键盘上【Alt+F4】组合键。

3. IE 浏览器窗口

启动 IE 浏览器后，就会出现 IE 窗口界面，如图 6-56 所示。

图 6-56 IE 窗口界面

下面介绍窗口的组成部分，具体如下：

(1) 窗口控制按钮。右上角有 3 个窗口控制按钮，从左至右依次为【最小化】按钮、【最大化】或【还原"按钮和【关闭】按钮。

(2) 地址栏和搜索栏。用户可以在地址栏键入网址(URL)访问网页，也可以直接在地址栏中输入关键字进行搜索。

(3) 选项卡。IE 浏览器可提供多选项卡实现在一个窗口中同时打开多个网页的功能。不过关闭时会提示【关闭所有选项卡】或【关闭当前的选项卡】，需要用户选择。

(4) 页面浏览窗口。此窗口用来显示网页内容，与低版本的 IE 浏览器相比，新的浏览器界面不再直接显示菜单栏、收藏夹栏、状态栏等。

4. 页面浏览

启动 IE 浏览器后，将插入光标置于地址栏内，输入网站地址。我们可以不必输入类似 "http://"、"ftp://" 的部分，IE 浏览器有自动补齐功能。另外，只要输入一次网址，以后再访问同一网址时，只需要输入开始的几个字符，浏览器就会把访问历史记录中吻合的部分罗列出来，用户只需选定即可。输入地址后，按【Enter】回车键或点击【转到】即可打开所需访问的网站。

网页中有链接的文字或图片一般会显示不同的颜色或下划线，把鼠标指针停留其上方时，鼠标指针会变成"手"的形状，此时点击即跳转到超链接所指的页面上。

工具栏中提供了很多便于用户常规操作的按钮，熟练使用可提高访问网页的效率，如图 6-57 所示。

图 6-57 IE 工具栏

工具栏上常用的按钮及其功能如下：

(1) 后退：可返回上次访问过的网页。

(2) 前进：可返回到单击【后退】前的网页。

(3) 停止：可停止当前网页的下载，用于取消查看网页。

(4) 刷新：用于更新当前网页的内容。

(5) 主页：启动 IE 时显示的默认网页。

(6) 搜索：输入关键字可进行搜索。

5. 搜索信息

常用的方法是利用搜索引擎，依据关键字来搜索需要的信息。因特网上有很多搜索引擎，例如百度(www.baidu.com)、谷歌(www.google.com)、必应(cn.bing.com)等。这里以百度为例介绍简单的搜索方法。

(1) 在 IE 地址栏中输入【www.baidu.com】，打开百度网站的界面。在文本框中输入关键字，比如【全国计算机等级考试】，如图 6-58 所示。

图 6-58　搜索方法操作步骤一

(2) 单击【百度一下】按钮，网页跳转到搜索结果页面，如图 6-59 所示。

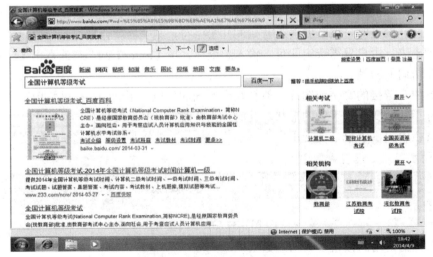

图 6-59　搜索方法操作步骤二

(3) 在结果页面所列出的网址中，选择需要的网址链接，点击即可打开具体网页内容查看。

百度网同时还提供了专门针对【新闻】、【贴吧】、【知道】、【音乐】、【图片】、【视频】、【地图】等专项搜索功能，大大提高了信息搜索的效率。

6. 保存 Web 页的全部

保存 Web 页的具体操作如下：

(1) 按键盘上的【Alt】键，在出现的菜单中选择【文件】、【另存为】功能，如图 6-60 所示。

图 6-60　保存 Web 页的全部操作步骤一

(2) 打开【保存网页】对话框后，选择要保存文件的位置，并在文本框中输入文件名，如图 6-61 所示。

图 6-61　保存 Web 页的全部操作步骤二

（3）根据需要选择保存类型，点击【保存】按钮。

7. 保存 Web 页中的文本

如果要保存页面上的部分信息，例如文本，可利用复制和粘贴的方法操作，具体操作如下：

（1）用鼠标光标选定想要保存的页面内容，如图 6-62 所示。

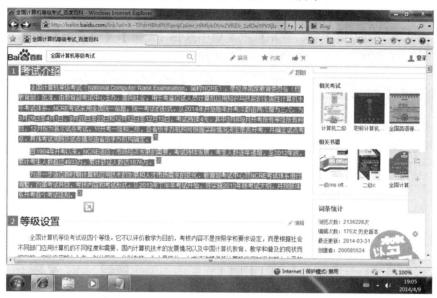

图 6-62　保存 Web 页中的文本操作步骤一

（2）按键盘上的【Ctrl+C】组合键，将选定的内容复制到剪贴板。

（3）创建或打开一个文本文件(*.txt)或 Word 文档(*.docx)，按键盘上的【Ctrl+V】组合键，将之前复制的内容粘贴到文件中，保存文件，如图 6-63 所示。

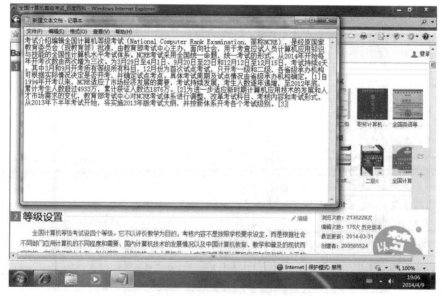

图 6-63　保存 Web 页中的文本操作步骤三

8. 保存 Web 页中的图片

除了可以选定文本内容保存外，还可以保存例如图片、音频、视频等多媒体信息，具体操作如下：

(1) 将鼠标指针移至需要保存的图片上单击右键，在弹出的右键菜单中选择【图片另存为】，如图 6-64 所示。

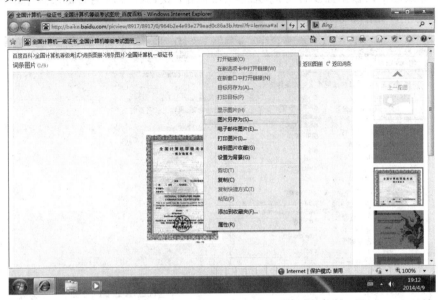

图 6-64　保存 Web 页中的图片操作步骤一

(2) 打开【保存图片】对话框后，选择要保存图片的位置，并输入图片的文件名，如图 6-65 所示。

图 6-65　保存 Web 页中的图片操作步骤二

（3）根据需要选择保存类型，点击【保存】按钮。

9. 保存 Web 页中的超链接

因特网上的超链接会指向一个资源，这个资源可能是一个新的页面，也可能是声音、视频、压缩文件等，下载保存这些资源的具体操作如下：

（1）将鼠标指针移至需要保存的超链接上单击右键，在弹出的右键菜单中选择【目标另存为】功能，如图 6-66 所示。

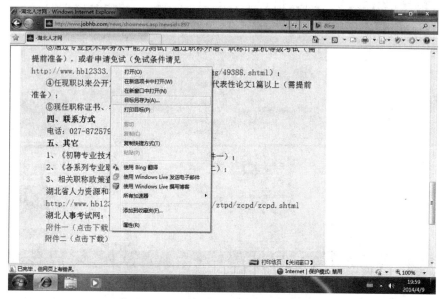

图 6-66　保存 Web 页中的超链接操作步骤一

（2）打开【另存为】对话框后，选择要保存图片的位置，并输入文件名，如图 6-67 所示。

图 6-67　保存 Web 页中的超链接操作步骤二

(3) 一般无需更改保存类型，点击【保存】按钮。

6.3.2　网络安全

1. 计算机病毒

计算机病毒是很小的软件程序，可从一台计算机传播到另一台计算机，并且干涉计算机运行。计算机病毒是一种恶意软件，可复制它本身，然后感染计算机上的其他软件或文件，以及网络中的其他计算机。病毒可能损害或删除计算机上的数据，使用电子邮件程序传播它本身到其他计算机，甚至删除计算机硬盘上的一切东西。

计算机病毒经常通过电子邮件或即时消息的附件传播。这就是不应随意打开电子邮件附件的原因，除非知道它是谁发送的，而且正在等待该附件到来。病毒可以伪装成搞笑图片、贺卡或音频和视频文件的附件。计算机病毒还可通过互联网的下载来传播，它们会隐藏在非法软件或可能下载的其他文件或程序中。

在计算机上打开并运行被感染的程序或附件后，可能不会意识到已感染了病毒，直到注意到一些东西不对劲。

计算机可能被感染的一些指标如下：

- 计算机的运行速度比平常慢；
- 计算机经常停止响应或死机；
- 计算机每隔数分钟就会崩溃，然后重新启动；
- 计算机会自动重新启动，然后无法正常运行；
- 计算机上的应用程序无法正常运行；
- 无法访问磁盘或磁盘驱动器；
- 无法正确打印；
- 看到异常错误消息；
- 看到变形的菜单和对话框。

通常，无法完全保证计算机的安全。但是，可以做很多事情，以降低被病毒感染的机会。要防止最新的病毒感染，必须要定期更新防病毒软件，并设置大部分防病毒软件为自动更新。

2. MSE 杀毒

Microsoft Security Essentials(MSE，微软安全软件)是一款用于计算机的全新、免费的消费者反恶意软件。它可防止病毒、间谍软件和其他恶意软件入侵，为家用电脑或小型企业电脑提供实时保护。Windows 7 用户可以免费下载安装和使用，该软件安静而高效地运行在后台，因而不必担心会有中断或要进行更新。

微软安全软件拥有简单直观的主页，其中可显示计算机的安全状态。

MSE 绿色图标，如图 6-68 所示，表示计算机的安全状态良好。微软安全软件在后台更新和运行，帮助计算机远离恶意软件和其他恶意威胁。当计算机出现需要注意的问题时，微软安全软件主页的外观会根据问题而变化。状态窗格是变成黄色或红色要取决于情况，同时在页面的明显位置显示一个操作按钮，提示建议的操作。

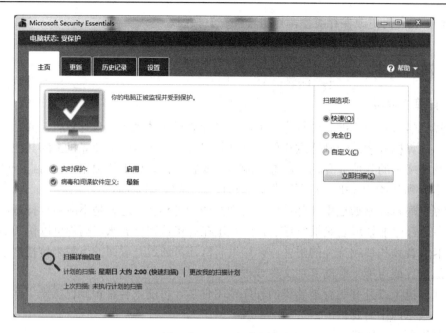

图 6-68　MSE 绿色图标

MSE 黄色图标，如图 6-69 所示，表示状态一般，或者可能未受保护。通常应采取一些措施，如启用实时保护、运行系统扫描或应对中等或低严重级别威胁。

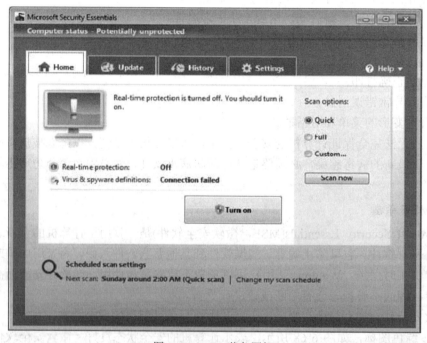

图 6-69　MSE 黄色图标

MSE 红色图标，如图 6-70 所示，表示计算机处于风险之中，必须应对严重威胁来保护它。点击该按钮以采取建议操作，微软安全软件将清除检测到的文件，然后快速扫描其他恶意软件。

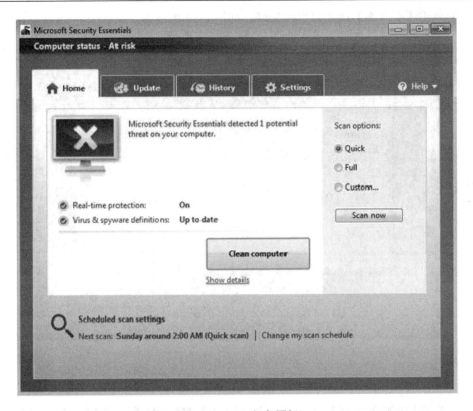

图 6-70　MSE 红色图标

安装 MSE 的步骤如下：

(1) 双击执行所下载的安装包程序，打开安装向导，如图 6-71 所示。

图 6-71　MSE 安装文件

(2) 单击【下一步】按钮，继续安装，如图 6-72 所示。

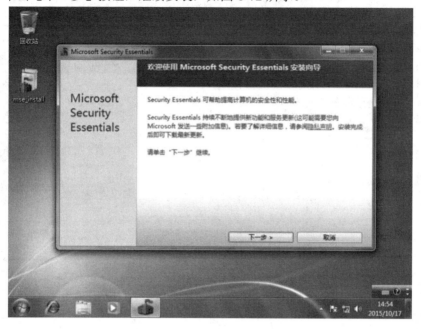

图 6-72　MSE 安装向导

(3) 单击【我接受】按钮，继续安装，如图 6-73 所示。

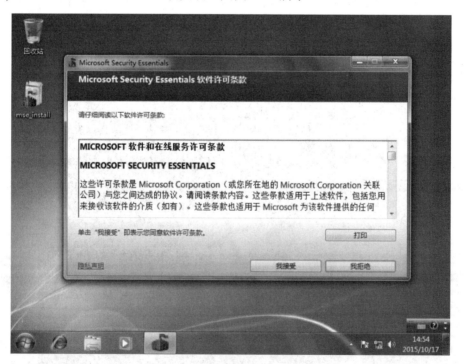

图 6-73　MSE 软件许可条款

(4) 选择【加入客户体验改善计划】，单击【下一步】按钮，继续安装，如图 6-74 所示。

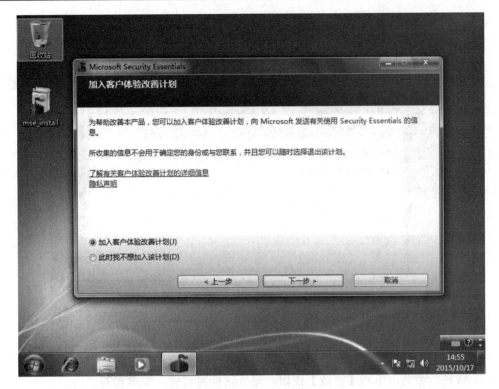

图 6-74　MSE 客户体验改善计划

(5) 单击【下一步】按钮，继续安装，如图 6-75 所示。

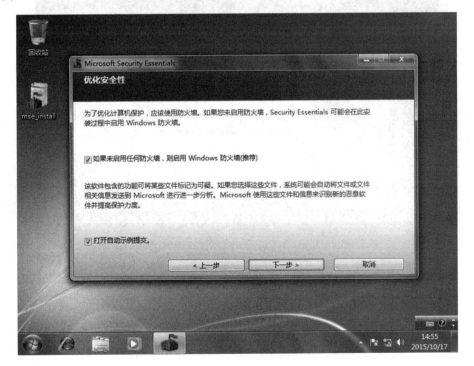

图 6-75　MSE 优化安全性

(6) 单击【安装】按钮，继续安装，如图 6-76 所示。

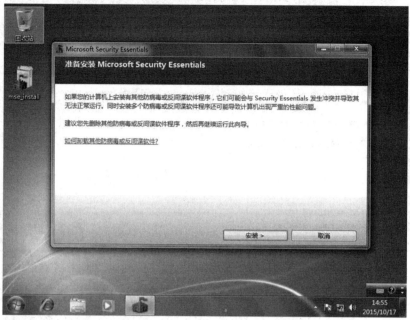

图 6-76　MSE 安装

(7) 等待一会儿，单击【完成】按钮，完成软件的安装，如图 6-77 所示。

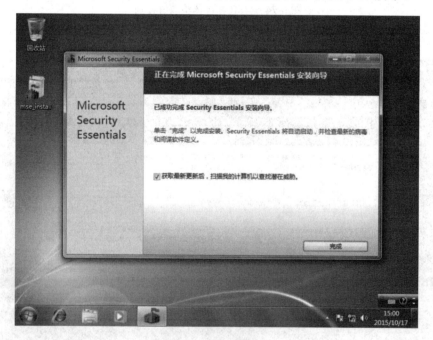

图 6-77　MSE 安装完成

3. Windows 防火墙

连接到互联网会对不警惕的计算机用户造成危险，使用防火墙可以帮助其降低风险。防火墙可以保护计算机，防止黑客删除信息、损坏计算机，甚至盗取密码或信用卡号。防火墙是一个软件程序或一个硬件，帮助过滤试图通过互联网进入计算机的黑客、病毒和蠕虫。

如果在家使用计算机，保护计算机最有效、最重要的第一步是启用防火墙。如果家里连接了不止一台计算机，或有一个小型办公室网络，保护好每一台计算机十分重要。应有一个硬件防火墙(如路由器)保护网络，同时还应在每台计算机上使用软件防火墙，以便在其中一台计算机受到感染后，防止病毒在网络中传播。安装防火墙只是确保安全网络浏览的第一步。保持软件最新、使用防病毒软件和使用反间谍软件，就可以继续提高计算机的安全性，如图 6-78 所示。

① 计算机

② 防火墙

③ 互联网

图 6-78　防火墙安全示意图

大部分 Windows 操作系统都包含防火墙，它们是软件防火墙。Windows 7 附带有 Windows Firewall，这是一个自动启用的双向防火墙。它与之前 Windows 版本的防火墙一样强大，但是现在使用时更加灵活简单。

查看和简单设置 Windows 防火墙的方法如下：

(1) 打开"网络和共享中心"，在窗口左下方找到 Windows 防火墙功能，如图 6-79 所示。

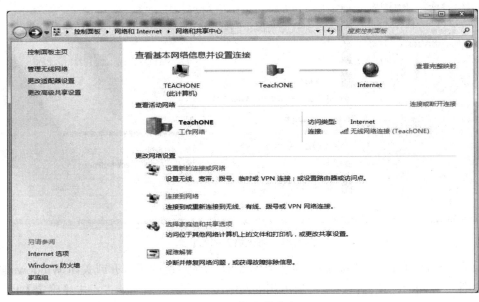

图 6-79　网络和共享中心

(2) 在窗口中查看防火墙的运行状态。如果防火墙处于启用的状态，如图 6-80 所示；反之防火墙则处于关闭的状态，如图 6-81 所示。

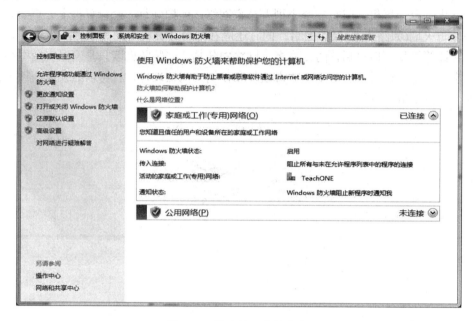

图 6-80   防火墙开启的状态

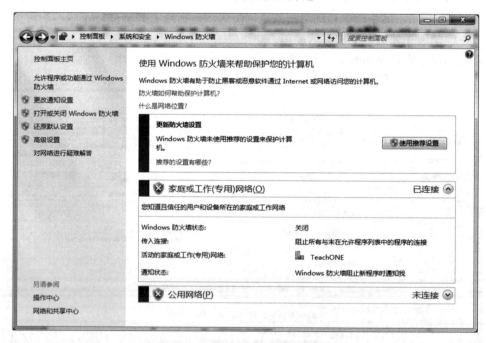

图 6-81   防火墙关闭的状态

(3) 若防火墙处于关闭状态，点击如图 6-81 所示左侧的【打开或关闭 Windows 防火墙】功能，在随后出现的窗口中，启用相关网络位置的防火墙功能，点击【确定】即可，如图 6-82 所示。

图 6-82　启用 Windows 防火墙

【例题】

1. 网页中有链接的文字或图片一般会显示不同的颜色或下划线,把鼠标指针停留其上方时,鼠标指针会变成_____的形状。

A. 右箭头　　　　　　B. 手　　　　　　C. 十字箭头　　　　　　D. 左箭头

【答案】 B

2. Windows 防火墙属于_____类防火墙。

A. 物理　　　　　　B. 逻辑　　　　　　C. 硬件　　　　　　D. 软件

【答案】 D

6.4　电子邮件

电子邮件是一种用电子手段提供信息交换的通信方式,是互联网应用最广的服务。通过网络的电子邮件系统,用户可以以非常低廉的价格(不管发送到哪里,都只需负担网费)、非常快速的方式(几秒钟之内可以发送到世界上任何指定的目的地),与世界上任何一个角落的网络用户联系。

电子邮件可以是文字、图像、声音等多种形式。同时,用户可以得到大量免费的新闻、专题邮件,并实现轻松的信息搜索。电子邮件的存在极大地方便了人与人之间的沟通与交流,促进了社会的发展。

在选择电子邮件服务商之前我们要明白使用电子邮件的目的是什么,根据自己不同的目的有针对性地去选择。

如果经常和国外的客户联系,建议使用国外的电子邮箱。比如 Gmail,Hotmail,MSN

mail，Yahoo mail 等。

如果是想当作网络硬盘使用，经常存放一些图片资料等，那么就应该选择存储量大的邮箱，比如 Gmail，Yahoo mail，网易 163 mail，126 mail，yeah mail，TOM mail，21CN mail 等等都是不错的选择。

如果自己有计算机，那么最好选择支持 POP/SMTP 协议的邮箱，可以通过 Outlook 等邮件客户端软件将邮件下载到自己的硬盘上，这样就不用担心邮箱的大小不够用，同时还能避免别人窃取密码以后偷看你的信件。当然前提是不在服务器上保留副本。建议这么做主要是从安全角度考虑。

如果经常需要收发一些大的附件，Gmail，Yahoo mail，Hotmail，MSN mail，网易 163 mail，126 mail 等都能很好满足要求。

若是想在第一时间知道自己的新邮件，那么推荐使用中国移动通信的移动梦网随心邮，当有邮件到达的时候会有手机短信通知。中国联通用户可以选择如意邮箱。还可以根据自己最常用的 IM 即时通信软件来选择邮箱，经常使用 QQ 就用 QQ 邮箱，经常用雅虎通就用雅虎邮箱，经常用 MSN 就用 MSN 邮箱或者 Hotmail 邮箱。当然，其他电子邮件地址也可以注册为 MSN 帐户来使用，喜欢用网易泡泡的就用网易 163 邮箱。

6.4.1　申请电子邮箱

下面以网易邮箱为例，介绍如何申请电子邮箱。

(1) 在互联网的环境下，通过 IE 浏览器，访问邮箱服务商的 Web 网站主页，在主页面中找到邮箱注册，进入注册界面，如图 6-83 所示。

图 6-83　邮箱注册第一步

(2) 在注册页中选择注册邮箱的类型并填写相关个人信息，点击【立即注册】按钮，如图 6-84 所示。

图 6-84 邮箱注册第二步

(3) 根据屏幕提示，正确填写验证码信息，点击【提交】，如图 6-85 所示。

图 6-85 邮箱注册第三步

(4) 经过以上步骤，完成邮箱注册，如图 6-86 所示。

图 6-86　邮箱注册完成

6.4.2　处理电子邮件

1. 页面收发电子邮件

(1) 登录电子邮箱后，点击导航条上的【收件箱】功能，查看所接收的电子邮件，如图 6-87 所示。

图 6-87　收件箱

(2) 在收件箱邮件中选择一封邮件，点击链接即可打开阅读，如图 6-88 所示。

图 6-88　阅读邮件

(3) 点击左侧导航栏中的【写信】功能，即可编写电子邮件，如图 6-89 所示。

图 6-89　编写邮件

(4) 邮件内容编写完后，点击【发送】，完成电子邮件的发送，如图 6-90 所示。

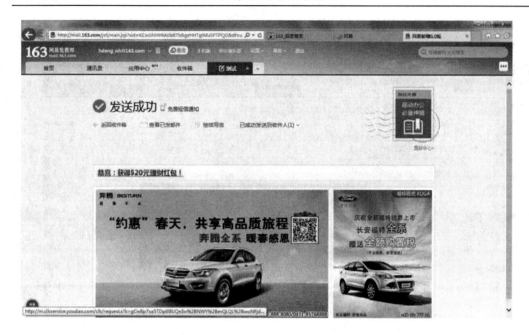

图 6-90　发送邮件

(5) 若在查阅完邮件内容后需要回复，在如图 6-88 所示的邮件内容上方的工具栏中点击【回复】按钮即可，如图 6-91 所示。

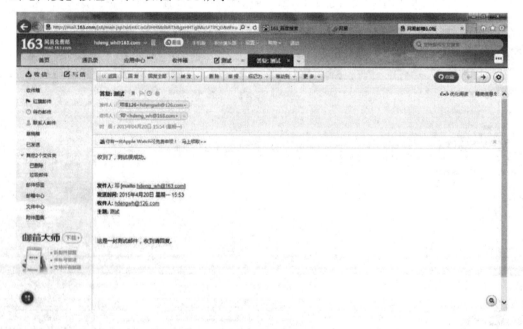

图 6-91　回复邮件

2. Outlook 收发电子邮件

Outlook 2010 是 Microsoft Office 2010 办公软件的组件之一。Outlook 的功能很多，可

以用它来收发电子邮件、管理联系人信息、记日记、安排日程、分配任务等。Microsoft Outlook 2010 提供了一些新特性和功能，可以帮助用户与他人保持联系，并能更好地管理时间和信息，它是一款典型的邮件客户端软件。

(1) 启动 Outlook。

启动 Outlook 有两种方法：

方法一：单击【开始】菜单的【所有程序】中的【Microsoft Office】里的【Microsoft Outlook 2010】快捷方式，打开 Outlook 窗口，如图 6-92 所示。

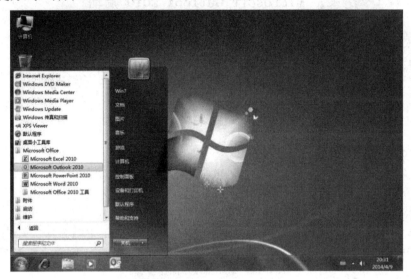

图 6-92　启动 Outlook 方法一

方法二：单击快速启动工具栏或桌面的 Outlook 快捷方式图标，打开 Outlook 窗口，如图 6-93 所示。

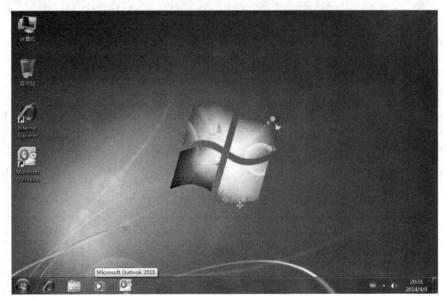

图 6-93　启动 Outlook 方法二

(2) 添加新账户。

首次使用 Outlook 时，Outlook 会自动提醒用户添加账户。如果已申请或拥有一个邮箱，那么具体的 Outlook 设置如下：

① 首次启动 Outlook，出现启动向导，单击【下一步】按钮，如图 6-94 所示。

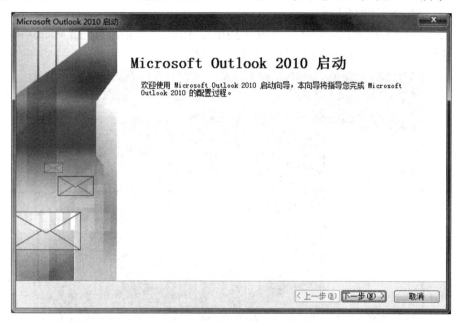

图 6-94　添加新账户操作步骤一

② 弹出【账户配置】对话框，选中【是】选项，点击【下一步】按钮，如图 6-95 所示。

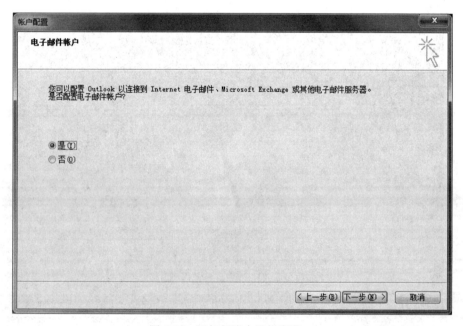

图 6-95　添加新账户操作步骤二

③ 弹出【添加新账户】对话框，选中【电子邮件账户】选项，完成对话框中【您的姓名】、【电子邮件地址】、【密码】、【重新键入密码】的选项填写，点击【下一步】按钮，如图 6-96 所示。

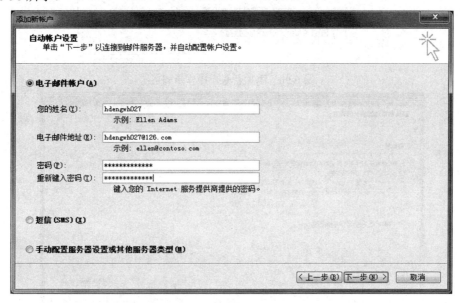

图 6-96　添加新账户操作步骤三

④ 弹出搜索邮箱的服务器设置，请等待。如有问题请检查网络连接是否正常或重试，如图 6-97 所示。

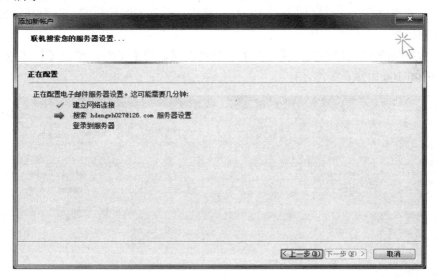

图 6-97　添加新账户操作步骤四

⑤ 弹出【允许该网站配置 hdengwh027@126.com 服务器配置？】的提示信息，单击【允许】按钮，如图 6-98 所示。

⑥ 返回到【添加新账户】对话框，配置成功后，单击【完成】按钮，如图 6-99 所示。Outlook 当然也能同时支持多个邮箱账户，我们可以稍后再使用类似的步骤添加其他账户。

图 6-98　添加新账户操作步骤五

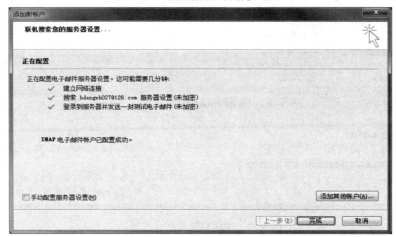

图 6-99　添加新账户操作步骤六

(3) 发送简单邮件。

账户设置完成后，就可以使用 Outlook 软件进行正常的邮件收发。下面介绍发送一封简单邮件的操作。

① 在 Outlook 的窗口中找到【开始】功能区的【新建】分组，单击【新建电子邮件】按钮，如图 6-100 所示。

图 6-100　发送简单邮件操作一

② 弹出【新邮件】对话框，将光标移到相应位置填写内容，单击【发送】按钮，完成一封简单邮件的发送，如图 6-101 所示。

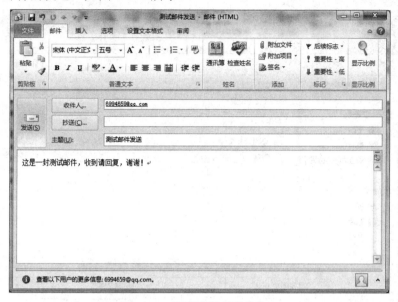

图 6-101　发送简单邮件操作二

一般简单邮件中需要填写的内容包括收件人邮箱、主题、正文三部分。工具栏中提供各种文字排版功能按钮，可以用于修饰邮件的正文内容。

(4) 发送包含附件的邮件。

如果要通过电子邮件来发送计算机中的文件，如文档、图片等，那么在撰写完电子邮件正文后，可通过下面的操作来插入邮件附件。

① 在【插入】功能区中，选择要插入的项目，例如单击【附加文件】按钮，如图 6-102 所示。

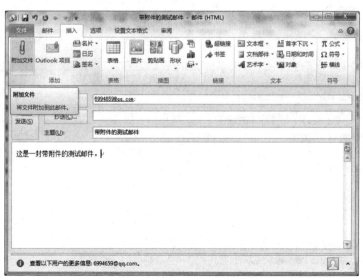

图 6-102　发送包含附件的邮件操作步骤一

② 弹出【插入文件】对话框，找到文件所在位置，选定要插入的文件，单击【插入】按钮，如图 6-103 所示。

图 6-103 发送包含附件的邮件操作步骤二

③ 新撰写的邮件会多出附件栏，而且会列出刚才所选定的附加文件，单击【发送】按钮，完成一封带附件的邮件的发送，如图 6-104 所示。

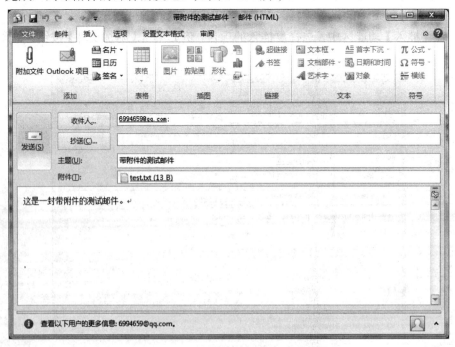

图 6-104 发送包含附件的邮件操作步骤三

(5) 接收和阅读邮件。

接收电子邮件的操作如下：

① 启动 Outlook 软件，在【发送/接收】功能区，单击【发送/接收所有文件夹】按钮，如图 6-105 所示。

图 6-105　接收和阅读邮件操作步骤一

② 弹出【Outlook 发送/接收进度】对话框，当下载完成后，便可以阅读了，如图 6-106 所示。

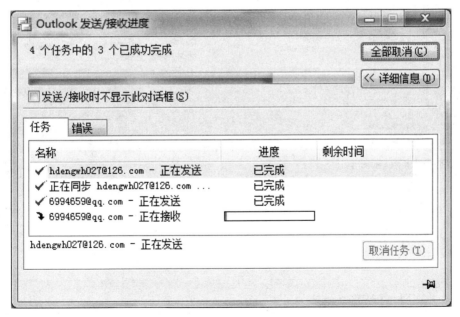

图 6-106　接收和阅读邮件操作步骤二

③ 单击 Outlook 窗口左侧的邮件文件夹中的【收件箱】，窗口中部会出现新邮件和较早时间的邮件。单击其中一封邮件，窗口右侧会出现这封邮件的内容预览，如图 6-107 所示。

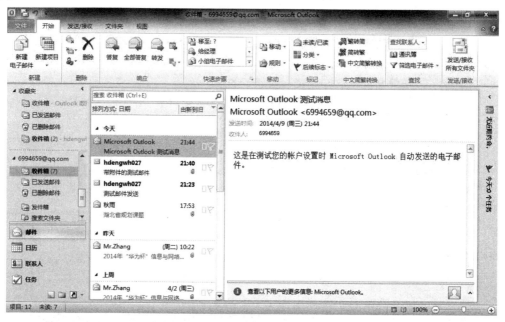

图 6-107　接收和阅读邮件操作步骤三

④ 若要仔细阅读可以双击对应邮件，阅读完后可直接单击窗口上的【关闭】按钮，结束阅读，如图 6-108 所示。

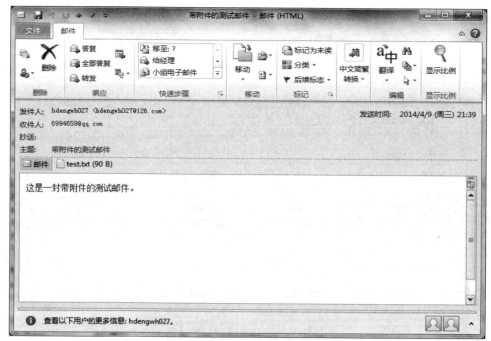

图 6-108　接收和阅读邮件操作步骤四

注意阅读过和没有阅读的邮件，Outlook 会用不同的图标显示，以示区分。

(6) 阅读和保存邮件中的附件。

阅读邮件中的附件操作如下：

① 在选中带附件的邮件后，单击邮件中的【附件】，预览窗口内的内容会发生变化，如图 6-109 所示。

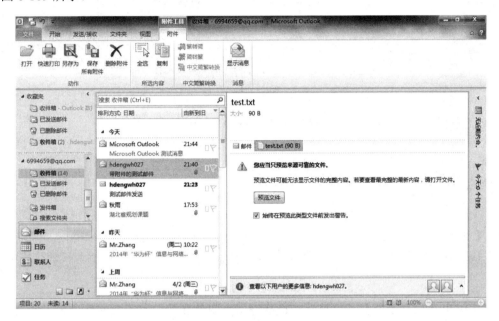

图 6-109　阅读邮件中的附件操作步骤一

② 单击【预览文件】按钮，可以打开附件内容进行阅读，如图 6-110 所示。

图 6-110　阅读邮件中的附件操作步骤二

保存邮件中的附件操作如下：

① 在选中带附件的邮件后，右键选定邮件中的【附件】，在弹出的快捷菜单中选择【另存为】功能，如图 6-111 所示。

图 6-111　保存邮件中的附件操作步骤一

② 弹出【保存附件】对话框后，选择好保存附件文件的位置及文件命名，单击【保存】按钮，如图 6-112 所示。

图 6-112　保存邮件中的附件操作步骤二

文件名可重命名，保存类型一般不建议修改。

(7) 回复与转发邮件。

回复来信的操作如下：

① 在【收件箱】中选定待回复的邮件，单击工具栏【开始】功能区中的【答复】或【全部答复】按钮，如图 6-113 所示。

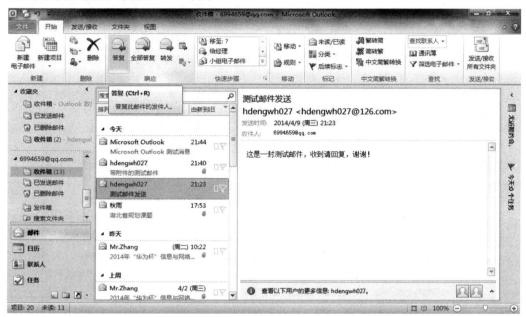

图 6-113 回复邮件操作步骤一

② 弹出答复邮件窗口，发件人和收件人的地址已被系统自动填好，原信件的内容也都显示出来。在正文处输入回复内容，最后单击【发送】按钮，如图 6-114 所示。

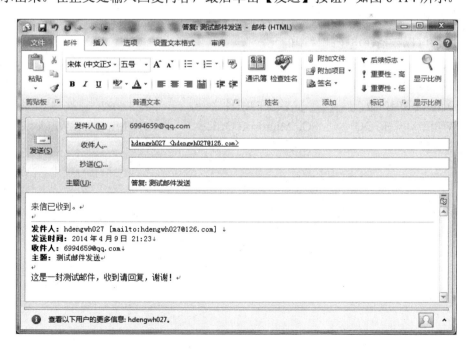

图 6-114 回复邮件操作步骤二

转发邮件的操作与回复邮件的操作基本类似，区别在于单击工具栏【开始】功能区中的【转发】按钮。在弹出的转发邮件窗口中输入接收转发邮件的邮件联系人、邮件地址，以及填写新的邮件正文内容，单击【发送】按钮即可，如图 6-115 所示。

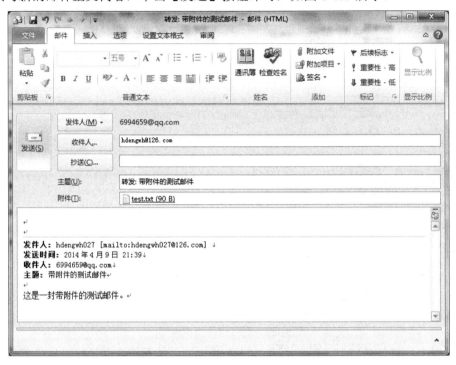

图 6-115　转发邮件操作

【例题】

1. 下列可以包括在电子邮件中的元素有＿＿＿＿＿＿＿＿＿＿＿。

A. 文字　　　　　　B. 图像　　　　　　C. 声音　　　　　　D. 以上都可以

【答案】 D

2. Outlook 2010 是＿＿＿＿＿＿软件的组件之一。

A. WPS　　　　B. QQ　　　　C. Microsoft Office　　　　D. Microsoft Windows

【答案】 C

附录1 润道"计算机基础"通识技能自主学习平台及 CEAC 简介

润道一体化自主学习平台是利用信息化教学手段,参考"慕课"学习形式,改变或结合传统教学方式,采用以学生自主学习技能为主体,以平台提供的服务及资源为载体,以教师辅导、互动及管理为依托的学习一体化平台。

"计算机基础"通识技能一体化自主学习平台是针对大学"计算机基础"课程而研发,以目前社会上主流计算机通识技能的掌握为学习目的,以项目实践为学习方式,通过引导学生自主学习计算机相关通识技能,提供教师信息化教学、考试、管理的一体化平台。

大学"计算机基础"课程是属于"使用工具"型的工程教育课程,其教学内容存在于理论课程和实践课程之中。在计算机基础教学改革实施过程中,一体化自主学习平台有效地支持教学走向以学生为中心,以克服传统课堂中教学受到时间和空间限制的困境。

一体化自主学习平台是以知识点为中心、能力测试为手段,提供一个集学习、辅导、测试、评价、交流、知识沉淀等功能于一体的学习平台。该平台改变了以往课程的课堂授课的形式,学生可以通过现代化的网络设施随时随地登录到学习平台进行某门课程即某个知识点的学习。

平台服务及特点包括:

(1) 学习资源库。学习资源库包含仿真互动式课件 60 个、学习素材文件包、巩固练习题。

(2) 考试平台。考试平台包括阶段性单元考试、综合考试。

(3) 教学管理后台。教学管理后台包括学生学习和考试情况管理,教师教学和考试情况管理。

(4) 统计分析模块。统计分析模块包括学生、教师登录、使用时间等数据统计分析,院系、专业、班级、学生学习及考试情况分级统计分析。

(5) 课件超市。课件超市包括所有课件的列表、教师购买及出售课件的平台。

(6) 学习交流社区。学习交流社区包括技术、学习交流的论坛等。

(7) 移动终端服务。移动终端服务是根据学校需求订制包括手机或移动终端学习与信息管理解决方案、学校院系及教师的信息发布推送等功能服务。

(8) 信息发布平台。信息发布平台是通过管理后台向学生或者老师发布信息,包括学习信息、考试信息、公告消息等。

(9) 教学实施服务。教学实施服务指根据学校需求,制定与平台配套的教学实施服务。学校认可后,将教学工作外包给公司专业团队,学校随时进行抽查并验收。

(10) 认证服务。认证服务指根据学校需求提供相关认证服务。自主学习平台架构如附图 1-1 所示。

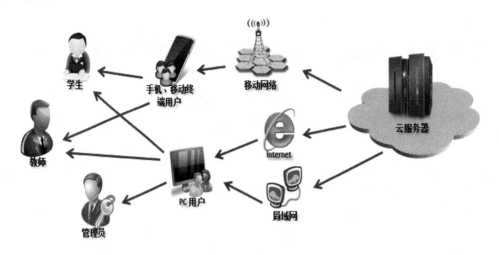

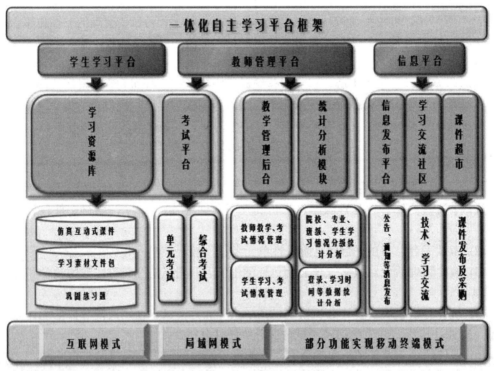

附图 1-1 自主学习平台架构

国家信息化计算机教育认证(CEAC)，是由信息产业部(现为工业与信息化部)和国家信息化推进办公室于 2002 年批准设立的，信产部信息化推进司指导、中国电子商务协会管理，由 CEAC 信息化培训认证管理办公室统一实施的职业技能认证项目。

附录 2　CEAC 模拟测试题

一、实操题——Word 部分(35 分)

(一) 题干描述

(1) 使用"查找和替换"功能删除素材中多余的空格。(5 分)

(2) 使用"查找和替换"功能删除素材中多余的回车符。(5 分)

(3) 按下列要求,将样式应用于指定的文本内容上。　(10 分)

样式名称	应用于
标题 1	所有红色字体、带有双下划线的段落
标题 2	所有使用样式:"编号样式"的文字

(提示:可利用查找替换的样式或快捷键的方法提高制作效率。)

(4) 应用"沉稳"主题,页面颜色为"茶色,背景 2"。(5 分)

(5) 修改"正文"样式为:"微软雅黑"字体、首行缩进 2 字符。(5 分)

(6) 用"查找替换"功能将文中所有"川"的字体格式替换成:粗体;字体颜色为红色。(5 分)

(二) 操作素材

四川人文旅游资源

四川历史悠久,是我国多元一体的华夏文明的起源地之一,是长江上游文明起源和发展的中心,是全国的文化旅游资源大省,文化旅游资源丰富多样,品味独特,优势突出。三星堆遗址、金沙遗址等古蜀文化光辉灿烂,武侯祠、剑门关、张飞庙等三国文化影响广泛,雪山草地、伟人故里、川陕苏区等红色文化彪炳史册,道教发祥地青城山、中国佛教四大名山之一峨眉山等宗教文化积淀深厚。

四川是一个以汉族为主的多民族省份,有彝、藏、羌等 14 个世居少数民族,是全国第二大藏区、唯一的羌族聚居区和最大的彝族聚居区,少数民族文化异彩纷呈。四川各民族人民在长期的历史发展中创造了源远流长、丰厚博大、独具特色的地域文化形态,形成了各具特色的风俗习惯和丰富的文化传统,成为四川文化旅游发展的资源基础。水利、织锦、井盐、丝绸、历算等古代科技文明叹为观止,二滩电站、西昌卫星发射中心、攀钢、科技城等现代高科技工业文化享誉海内,川剧、川菜、川酒、川茶、皮影、木偶、杂耍等民间文化以及民间工艺美术风格独特。此外，还有众多丰富多彩的传统节日、现代节庆活动，驰名中外的政治家、军事家、科学家、文学家和艺术家等。

名　城

名城是世代积累的精神和物质财富，是地域特色文化的集中代表。四川现有成都、乐山、自贡、宜宾、泸州、都江堰和阆中等 7 座国家历史文化名城，省级历史文化名城 27 座，包括山水与风水城市型、工业城市型、商业城市型、水陆码头驿站城市型、文人城市型、历史悠久城市型等。

古镇名村名寨

四川古镇主要分布在江河边、深山中或交通要道周围，四川古镇特色鲜明，主要体现在石木结合的古建筑、悠闲的民俗风情、奇特的民间工艺和历史上遗留下来的古文化遗迹等方面。除已列入国家级和省级古镇的成都市城厢镇、黄龙溪镇、安仁镇、洛带镇、仙市古镇、宜宾李庄、雅安上里镇、望鱼石镇、高庙镇、柳江镇以外，还有大量有旅游价值的古镇尚未申报。四川还有众多独具特色的名村名寨，如丹巴嘉绒藏寨、汶川桃坪羌寨、卓克基土司官寨、北川武隆寨、攀枝花迤沙拉村、成都红砂村、友爱村、彭州宝山村、自贡江姐村等。

古　道

古道在古代四川政治、经济和文化的发展中均占有举足轻重的地位，对古代四川经济的发展、民族的团结、文化的交流和政权的巩固等都曾起过重大的作用。四川的古道主要有古蜀道、茶马古道、南方丝绸之路(五尺道、牦牛道)、米仓古道等。古蜀道包括金牛道和阴平道等多条古道。古蜀道有两大特点，一是山多谷深，急流纵横，道路险阻难行。二是历史悠久，三国文化遗迹尤为丰富。茶马古道是我国西部文化原生形态保留最好、最为多姿多彩的一条民族文化走廊，是古代汉族地区与周边少数民族地区物资和文化交流的重要途径，主要有川藏、滇藏两条线，以川藏线影响最大。茶马古道的茶文化、背夫文化、锅庄文化等与沿途多彩奇异的民族风情、神奇壮丽的自然景观有机融合，旅游开发潜力巨大。南方丝绸之路，即《史记》中记载的"蜀(四川)身毒(印度)道"，是距今两千多年前四川及各地商人开通的通往南亚、中亚的一条民间商道，在四川境内是由牦牛道(灵关道)和五尺道组成。牦牛道(灵关道)从今成都南出，经邛崃、名山、雅安、汉源、西昌，渡金沙江到云南大理；五尺道从蜀南下，经宜宾、高县到云南昭通，在大理与牦牛道汇合。这些古道沿线丰富的历史文化遗存、奇特的民俗文化和壮丽的自然景观等独具魅力，有重要的旅游开发价值。

景　观　建　筑

★ 孔庙(又称文庙)建筑

孔庙是传播儒家文化的重要载体。四川现存孔庙 18 处，最有特色和代表性的有德阳孔庙、崇州孔庙(罨化池)、富顺文庙、通江文庙、乐山文庙、犍为文庙、资中文庙、广汉文庙、渠县文庙以及西充、仪陇、中江、射洪、温江等地文庙。四川文庙建筑各有特色，历史内涵深厚，是重要的文化旅游资源。

★ 藏羌古碉

藏羌古碉集中分布于丹巴、桃坪、羌锋等地，有悠久的历史和奇特的造型，是藏羌古民风的遗留，具有很高的历史遗产价值和美学价值，正在申请列入世界文化遗产名录。

★ 传统民居

四川传统建筑主要有宫殿类、四合院类、联排店居类、官宦宅院、林盘农家大院等类型。其中以四合院、吊脚楼和林盘宅院最有特色。四川四合院兼容南方和北方风韵，具有小天井大出檐、外封闭内开敞、冷摊瓦高勒脚的特色。大邑刘氏庄园是清末民初川西民居建筑的典范。四川古院落与传统建筑资源丰富，仅成都列入保护的古院建筑就有 22 处。此外，温江陈家桅杆、邛崃平乐李家大院、洪雅柳江曾家大院等均有发展文化旅游的潜力，此外，甘孜藏区独具特色，藏民居建筑风格各异。

民 族 风 情

四川是多民族地区，有彝、藏、羌等 14 个世居少数民族，形成了独特而丰富的地域性民族风情，许多都具有世界或国家级非物质文化遗产价值，是四川发展文化旅游的宝贵资源。

★ 民族歌舞演艺文化方面

藏族的锅庄、弦子、热巴、踢踏、藏戏、格萨尔说唱，彝族的踏踢舞，卢笙舞、口弦，羌族的莎朗舞、羊皮鼓舞和释比史诗说唱，白马人的跳曹盖，若尔盖的金冠舞、神兵舞以及巴渝舞和巴象鼓等，古朴奔放，极富感染力。

★ 民族节庆文化方面

凉山的火把节、康定的转山会、情歌节，宜宾的兴文苗族花山节，德格的格萨尔王节、阿坝的扎崇节、红原的牦牛节、西番的还山鸡节、九龙的游海节、丹巴的墨尔多庙会、嘉绒国际风情节、向城乡巴拉艺术节、巴塘的央勒节、稻城的亚丁节、理塘的赛马节等，规模宏大，民族色彩浓烈。

★ 民族习俗文化方面

沽湖和扎坝的"走婚"，凉山的"斗羊"、"抢婚"，丹巴的"抢帕子"、"顶毪衫"，康定的"抢头水"、"元根会"，新龙的"过十三"，色达的"祖神山祭"、乡城的"天浴"以及"转山"、"转湖"、"煨桑"、"酥油花供"等习俗，奇特多样，引人入胜。

★ 民族艺术文化方面

甘孜的"噶玛噶则"画，是藏族绘画中著名的流派，留存有大量的珍贵唐卡(卷轴画)、壁画和艺匠；四川是藏族史诗《格萨尔王传》的故乡，有大量的版本和神奇的说唱艺人；彝族史诗《创世纪》是珍贵的古代民族社会历史文献。此外还有雪山下的文化宝库"德格印经院"、石渠巴格嘛呢石经墙和松格玛尼石经墙。

★ 民族宗教文化方面

除藏族普遍信仰的藏传佛教和本教，彝族信仰毕摩外，在一些民族地区至今保存着"公玛"、"帕比"、"阿轨"、"东巴"等许多原始宗教信仰文化，展现着人类古老的信仰习俗。

民 间 艺 术

四川民间艺术文化和民间习俗源远流长，地方文化特色突出。主要有下列类别：

★ 戏曲与曲艺系列

川剧艺术是曲牌与板腔综合体制的戏曲剧种，融昆曲、高腔、胡琴、弹戏和灯戏 5 种声腔为一体，变脸、吐火、踩高跷、甩水袖、翎子功等表演艺术使川剧在海内外广受赞誉。四川清音、扬琴、竹琴，川北花灯，南充大木偶，王文坤皮影，芦山灯戏，广安背篓戏(手掌木偶戏)，四川金钱板，四川荷叶、竹琴、车灯、连厢、相书、飞刀花鼓，资阳九莲灯，资中木偶戏、威远牛灯舞、威远石坪山歌、广元的射箭提阳戏与南充的川北傩戏，芦山庆坛，川江、沱江与金江号子，藏戏、格萨尔史诗说唱等，均属民间艺术文化旅游资源，目前有些已濒危失传，亟待抢救。

★ 文昌文化与德孝文化信仰

梓潼七曲山大庙是文昌帝君的故乡，文昌文化及洞经音乐的发源地。德阳孝泉镇是姜诗包括安安送米等德孝文化的发源地，眉山市的彭祖长寿文化和李密故里的孝文化均有独到的特色。

★ 民间美术与手工技艺

藏族的玛呢石刻、佛像雕塑、雕版印刷、藏纸制造、唐卡艺术、建筑装饰、金银器皿，彝族的岩画、漆器、陶艺、角制品、酒具，羌族的挑花、刺绣，白马人的面具造型，甘孜、阿坝的伸臂桥和高碉建筑，遂宁大英卓筒井工艺，绵竹年画，广安竹丝画帘，青神竹编，自贡剪纸、龚扇和扎染，成都糖画、蜀锦、蜀绣、金银釦漆器，泸州雨坛龙，泸州老窖酿造艺术，内江夏布画，荥经砂器工艺等，纷繁多彩，精巧富丽，技艺高超。

★ 各种民间信仰与习俗

成都"游喜神方"、花会、灯会，遂宁观音会，雅安上九节，阿坝黄龙庙会等。

饮 食 文 化

四川饮食文化独特，中国八大菜系之一的川菜、历史悠久的川酒以及民间小吃，在全国乃至世界范围内都具有较强的影响力。川菜在吸取南北菜肴烹饪技术之长的基础上形成了自己独特的烹饪特色，与鲁菜、粤菜、湘菜等并称中国 8 大菜系。四川酿酒历史悠久，在地域上形成了以宜宾为中心，北溯岷江，上至成都、绵阳，南顺长江达泸州并沿赤水河至古蔺的川酒文化带，有全国重点文物保护单位泸州市泸州老窖池、成都水井坊等遗址。五粮液、泸州老窖、郎酒、剑南春、全兴、沱牌等中国名酒"六朵金花"中外驰名。川菜、川酒独具特色的饮食程序、方式和规则等奥妙无穷。四川小吃历史悠久，品种繁多，风味独特，大多集中在成都，著名的小吃有夫妻肺片、赖汤圆、龙抄手、担担面、三大炮、陈麻婆豆腐、钟水饺等，此外还有著名的自贡盐帮菜，以盐帮菜为代表的小河帮菜系，以用料考究、做工精细、食之奇特见长，是川菜中的精品。

节 庆 活 动

四川悠久的历史和灿烂的文化造就了丰富多彩的民俗节庆，具有强烈的人文气息。现代节庆活动主要有都江堰放水节、宜宾佛现山栀子花节、雅安熊猫·动物与自然电影周、蒙顶山国家茶文化旅游节、自贡灯会、广元女儿节、杜甫草堂人日诗歌节、阿坝国际熊猫文化节、成都国际桃花节、宣汉巴人文化节、郫县望丛文化节、锦江龙舟节等。此外，近年来兴起的节庆活动还有新年音乐会、蓉城之春、美食节、郁金香节等。

道 教 文 化

四川是道教的发源地，道教文化资源极为丰厚。以鹤鸣山、青城山、青羊宫和阳平观等二十四治（"治"即教区）为中心，道教宫观遍布全川。鹤鸣山、青城山是道教的发源地和发祥地。始建于唐代的成都青羊宫是四川最古老的道教宫观，相传为道教始祖老子化身降临讲经度尹喜成仙的地方。宜宾真武山道教宫观建筑群是四川现存最大规模的道教宫观建筑。达县真佛山、新津纯阳观等是儒释道三教圆融，以大忠至孝为宗旨的特色宫观。此外，四川还是道教石刻造像的起源地和历代保存《道藏》最全的地区。青城道士张孔山所谱道教音乐古琴曲《流水》，1977年被美国"旅行者2号"宇宙飞船带入太空，成为传递人类信息第一曲。

佛 教 文 化

四川佛教历史悠久，是中国佛教的重要组成部分。四川佛教有汉语系佛教，主要有净土宗、天台宗、华严宗、禅宗、密宗等宗派；藏语系佛教有黄教、红教、白教、黑教、花教等宗派。汉语系佛教主要为汉族群众所信奉，喇嘛教为藏族信仰。四川佛教文化以名山、寺院、摩崖石刻雕塑等为载体。

汉语系佛教寺院主要分布在盆地及盆边地区，以禅宗净土宗丛林最为著名。世界文化与自然遗产峨眉山是"中国佛教四大名山"之一，山上寺庙林立，其中以报国寺、万年寺、华藏寺等寺庙最为著名。此外，四川还有成都文殊院、昭觉寺、大慈寺、石经寺，新都宝光寺，遂宁广德寺和灵泉寺，绵阳圣水寺，乐山乌尤寺等著名的佛教寺院。

佛教摩崖石刻雕塑是四川极其宝贵的旅游资源。四川独占世界两大佛——乐山大佛和荣县大佛。乐山大佛是世界现存最大的一尊摩崖石像，有"山是一尊佛，佛是一座山"的称誉。佛像依山临江开凿而成，气势恢宏，体现了盛唐文化的宏大气派。安岳县是全国石刻数量最多的地区之一，安岳石刻毗邻大足石刻，具有拓展为大足石刻世界文化遗产的延伸项目的潜在价值。四川还有70余处摩岩石刻造像和题记，如广元千佛崖、巴中的摩岩石刻等都具有较高的开发价值。剑阁觉苑寺、彭州涌华寺、新津观音寺、蒲江河沙寺、新繁龙藏寺等寺院所藏壁画主要为明代所遗留，具有很高的艺术价值。

藏传佛教包括大乘佛教的显宗与密宗，神秘色彩浓厚，民族特色突出。主要分布于甘孜、阿坝、凉山三州。不仅包括了藏传佛教五大教派，还有在西藏和其他藏区已绝迹的觉囊派等教派寺庙。各寺建筑奇特、风格各异，文物众多，不少寺院为省、州级文物保护单位。其中，德格八邦寺、乡城桑披寺、青春科尔寺等寺庙建筑风格独具特色。德格印经院被称为"藏文化宝库"，现存藏文献雕版 30 万块，内容包括藏传佛教大藏经"甘珠尔"、"丹珠尔"和各教派文库及木刻画，是现今保存藏族文化和佛教经典最多、最完整、规模最大之所，正在申报世界文化遗产。

基督教、天主教、伊斯兰教文化

基督教、天主教、伊斯兰教等宗教文化也是四川重要的宗教文化旅游资源。四川伊斯兰教的清真寺全盛时期约有 190 余座。四川天主教全省有 5 个教区，共开放教堂和固定处所 170 余处。四川基督教共开放教堂和固定处所 160 余处。

非物质文化遗产类

非物质文化遗产是文化遗产的重要组成部分。以民间文学、民间音乐、民间舞蹈、传统戏剧、曲艺、杂技与竞技、民间美术、传统手工技艺、传统医药、民俗活动等为文化表现形式或文化空间传承的非物质文化遗产，与其他历史遗迹、遗址及人文景观共同构成了宝贵的文化财富，成为文化遗产重要的组成部分。四川省目前有国家级非物质文化遗产项目 120 个，省级非物质文化遗产项目 460 个，是我省重要的文化旅游资源。

二、实操题——Exccel 部分(35 分)

1. 题干描述

1) 设置单元格格式

在工作表中进行格式设置，要求如下：

(1) 设置标题行，将标题行(A1：F1)合并居中，并将标题文字"2013 年 1 月飞驰汽车贸易公司汽车销售统计表"设置为：(5 分)

① 华文新魏，16 号，加粗、字体颜色：深蓝，文字 2。

② 填充颜色：白色，背景 1，深色 5%。

(2) 设置工作表第 2 行到第 32 行(A2：F32)区域框线，要求：外框线为粗线、内框线为单细线，并将该区域文本的对齐方式设置为水平"靠右(缩进)"、垂直"居中"对齐。(5 分)

(3) 设置 A3：A32 单元格的数据有效性为"文本长度"，长度等于 5，用智能填充填写"编号"列(A3：A32)，使编号按 SA001，SA002，SA003，…，SA030 以填充序列方式填写。(5 分)

(4) 对"总金额(万元)"列(E3：E32)进行条件格式设置，将单元格数值最大的 5 项的单元格格式设置为"绿填充色深绿色文本"。(5 分)

2) 制作图表

在工作表中，制作图表，要求如下：

(1) 以各高档汽车销售数量为数据制作图表。(3 分)

(2) 图表类型选择"饼图"→"分离型三维饼图"。(3 分)

(3) 图表放置在当前工作表中。(3 分)

(4) 图表标题：高档汽车销售比例图。数据标签：百分比，在底端显示图例。(6 分)

2. 操作素材

操作素材如附图 2-1、2-2 所示。

	A	B	C	D	E	F
1	2013年1月飞驰汽车贸易公司汽车销售统计表					
2	销售单编号	销售日期	汽车品牌	销售数量	总金额（万元）	销售员
3		2013-1-4	大众	1	25	李俊
4		2013-1-4	福特	2	44	万如海
5		2013-1-5	大众	2	50	李俊
6		2013-1-5	宝马	1	128	周尧
7		2013-1-6	奔驰	1	119	林海鑫
8		2013-1-6	本田	2	42	叶志刚
9		2013-1-6	日产	1	46	李亮
10		2013-1-8	宝马	1	128	周尧
11		2013-1-8	福特	1	22	万如海
12		2013-1-10	丰田	1	19	叶志刚
13		2013-1-10	丰田	1	21	叶志刚
14		2013-1-12	大众	1	25	李俊
15		2013-1-13	日产	1	23	李亮
16		2013-1-15	奔驰	1	212	林海鑫
17		2013-1-15	奔驰	1	190	林海鑫
18		2013-1-16	福特	2	82	万如海
19		2013-1-16	本田	2	42	叶志刚
20		2013-1-18	本田	1	21	叶志刚
21		2013-1-22	日产	1	19	李亮
22		2013-1-22	宝马	1	98	周尧
23		2013-1-22	宝马	1	148	周尧
24		2013-1-22	宝马	1	128	周尧
25		2013-1-23	马自达	1	21	李亮
26		2013-1-24	沃尔沃	1	68	万如海
27		2013-1-25	沃尔沃	1	120	万如海
28		2013-1-26	卡迪拉克	1	178	万如海
29		2013-1-26	宝马	1	198	周尧
30		2013-1-28	卡迪拉克	1	158	万如海
31		2013-1-28	福特	1	41	万如海
32		2013-1-30	奔驰	1	212	林海鑫
33						
34						

1.格式设置　2.制作图表

附图 2-1　操作素材一

	A	B	C	D
1	二月高档汽车销售统计（辆）			
2	奔驰	宝马	沃尔沃	卡迪拉克
3	12	20	8	10

1.格式设置　2.制作图表

附图 2-2　操作素材二

三、实操题——PPT(30 分)

1. 题干描述

(1) 在第 1 张幻灯片(标题：中国式沟通)中将版式改为标题幻灯片，如附图 2-3 所示。(3 分)

(2) 为所有幻灯片应用"都市"主题。(4 分)

(3) 为第 3、4 张幻灯片设置"细微型-推进"型切换，参数为默认参数。(4 分)

(4) 选择第 5 张幻灯片(标题：中国式沟通的背景与特点)内容文字，将文本转换为"蛇形图片重点列表"形的 SmartArt 图，调整 SmartArt 图大小与放置位置，效果参照制作效果。(4 分)

(5) 在第 5 张幻灯片中两个 SmartArt 图的右下侧分别插入"TPPT7_1.jpg"，

"TPPT7_2.jpg"图片，效果如制作效果。(5 分)

(6) 选择第 6 张幻灯片(标题：中国人的太和思维方式)，在其右下侧插入"TPPT7_3.jpg"图片，设置图片样式为"金属框架"。(5 分)

(7) 为第 2 张幻灯片的标题文字即"目录"设置"进入-浮入"动画效果。(5 分)

附图 2-3　PPT 展示

2. 操作素材

操作素材如附图 2-4、2-5、2-6 所示。

附图 2-4　TPPT7_1

附图 2-5　TPPT7_2

附图 2-6　TPPT7_3